零基礎 量子

史詩般壯麗的量子論發展史

雙狹縫實驗 × 普朗克常數 × 薛丁格的貓 × 精密測量 × 資訊加密

從假設開端到未來發展，量子力學主宰人類社會

今培，李雪岩 著

機率就是這麼無緣無故，隨機就是這麼無因無果

不僅能解釋微小事物，量子定律也能解釋現實世界的一切

愛因斯坦：「親愛的，上帝不擲骰子！」

波耳：「愛因斯坦，別去指揮上帝應該怎麼做！」

子力學如何產生？量子世界的神奇之處？

自然的真實面貌？量子力學顛覆人類認知？

狹縫干涉實驗如何揭示量子力學最深刻的奧祕？

腦、通訊、人工智慧……最新量子應用本書通通都有！

目錄

Chapter2 量子力學是怎樣產生的

Chapter3
一個電子可以同時通過兩條狹縫

Chapter4
大自然的眞實面貌是什麼

Chapter5
琴簫合奏 —— EPR與量子貓

Chapter6

量子的迷人風采

Chapter7

量子力學的「華山論劍」

Chapter8 為什麼量子力學顛覆了人類認知

Chapter9 量子力學的哲學啟示

Chapter10 量子力學的困惑

Chapter11 夢幻的超算天才——量子計算

Chapter12 資訊絕對安全的保障——量子密碼

Chapter13 超越古典測量極限的技術 —— 量子精密測量

Chapter14 走向未來的技術 —— 量子人工智慧

前言

人類一直生活在量子世界裡，但人們經過數十年的實驗探索和理論建構才發現這個世界。19 世紀末，量子橫空出世，科學家開始發展了一套全新的理論和概念，來研究微觀世界的運動規律，這就是「量子理論」。將量子理論的思想整合成普遍適用的數學方法則稱作「量子力學」。量子力學的建立展現了人類認識自然實現了從宏觀世界向微觀世界的重大飛躍。在量子的微觀世界裡，所有的一切都變得奇妙起來，與我們司空見慣的宏觀現象完全不同。量子力學以微觀視角，取代了古典力學的宏觀視角，給了世界一個完全不同的詮釋，甚至改變了物理世界的基本思想，徹底推翻和重建了整個物理學體系。

量子力學雖然很玄妙，卻不是玄學。在見識了微觀世界裡量子的神祕莫測後，物理學家對量子的各種神奇特性給出了更合理的解釋，並成功地應用於現代社會的每個角落，從雷射到電腦，從超導到手機，量子無處不在，幾乎所有事物的背後都有量子力學在主宰。許多以往看來不切實際的幻想，在量子力學的指引下，給我們帶來新的希望和可能，必將深深地改變人類社會的面貌。

本書的主要特點是：

- **突出了量子力學的核心思想**：以此為主線貫穿於全書，從而給出了量子力學的清晰脈絡，向讀者立體地展現量子思想的全貌。
- **力求對所講述的問題盡可能給出數學之外的物理意義**：使讀者從零開始讀懂量子力學，逐漸認識一個完全陌生的世界，並真正窺見它的神祕和美麗。
- **注重科普性及應用性**：科學屬於人類的共同事業，科學的威力在於普及和創新，科學理論從來都不會停留在紙上，只有經過廣泛的普及和應用，才會推動人類文明的進步。

本書將帶領讀者去親身體驗如何應用量子力學造福人類，讓人們享受更加豐富多彩的現代生活。

讀者如何學習量子力學呢？我們認為最難以理解的是量子力學的基本概念和核心思想，而不是數學推導。必要的數學基礎對於學習量子力學是重要的，但學習量子力學的主要困難在於人們的認知仍然受到傳統思維的束縛，沒有真正樹立起量子力學的觀點。例如，量子糾纏是量子力學最深刻的概念之一。在一些科普讀物中，把量子糾纏錯誤解讀為：「姐姐在某地生了一個女兒，遠在千里之外的妹妹就立即升級為阿姨。」就被解釋為「姐姐和妹妹處於糾纏態」。這樣不恰當解讀的出現，也許是科普作者的無奈之舉。如果僅僅透過與日常生活中觀察到的現象做類比，是很難理解其中的真正意義的。所以，學習量子力學要致力於改變自己的思維模式，彌補你的思維不足，真正理解量子力學不同於古典力學的嶄新的物理觀念。這些觀念主要是：

- **微觀世界的未來是不確定的**：我們永遠無法知道微觀粒子準確的動態數據，只能基於機率的方法去預言。讀者要樹立機率統計的概念。
- **微觀世界是不連續的**：它可能更像一片沙漠，遠看是連在一起的，走近才發現，它是由一粒一粒的細沙所構成。讀者要認識世界的本質是量子化的。
- **微觀物質具有「雙重人格」**：它既是粒子，又是波，將兩種性質截然不同的東西統一到一個物理客體。讀者要樹立波粒二象性的物質觀。

基於量子力學的一批顛覆性技術正在浮出水面，比如量子電腦、量子通訊和量子測量等技術將是未來資訊產業的基石，有望成為推動第四次工業革命的重要引擎。如何成功發展量子科技，可能變成每個國家一場輸不起的技術革命，各國也必將傾舉國之力爭奪量子科技制高點。

本書是關於量子力學的科普讀物，不可能，也不應該要求讀者具備較深厚的數學知識，否則，對量子力學有興趣但缺乏足夠數學基礎的許多讀者將被擋在門外。我們在內容取捨和講解方法上更加重視物理概念的描述，它能同時滿足三個方面讀者的需求：

- 如果你過去沒有學過量子力學，可以把它作為入門書來讀。
- 如果你正在學習量子力學，可以把它作為參考書來讀。
- 如果你已經學過量子力學，可以把它當作交流心得體會來讀。

當然，對於想要更好地了解未來科技發展趨向的工程技術人員和管理者，這本書會使你明白量子力學是什麼，它離生活並不遠。

本書很多地方借鑑了海內外相關的文獻著作及研究成果，在此對所涉及的專家學者表示衷心的感謝。

無疑，限於作者的能力與程度，本書的缺點和不妥之處存在不少，懇請讀者批評指正。

下面讓我們一起走進量子世界！

吳今培

Chapter1
量子世界神奇在哪裡

19 世紀中葉，古典力學、古典電動力學、古典熱力學和古典統計力學所形成的古典物理學征服了世界，力、電、磁、光、熱……一切的一切，都被它的力量所控制。然而，正當人類慶賀古典力學 200 週年華誕之際，20 世紀的鐘聲已經鼓響，物理學的偉大革命就要到來。

1900 年 12 月 14 日這一天，德國物理學家普朗克在德國物理學會宣告黑體輻射的能量不是連續的，而是分成一份一份的，必須有一個最小的不可再分的基本單位，這個單位叫做能量量子，一切能量的傳輸不能是無限連續的，只能以這個量子為單位進行。量子的出現打破了物理世界的寧靜，從此量子的幽靈開始在物理世界上空遊蕩，它讓物理學家既興奮，又困惑，直到今天。

真是「山雨欲來風滿樓」。量子的力量超乎任何人的想像，它一出世就像閃電劃破夜空，摧枯拉朽般打破舊世界的體系，動搖著綿延幾百年的古典物理的根基。然而，它絕不僅僅是一個破壞者，更是一個建設者。正是量子的問世，使得量子力學的正式創立成為了可能。科學史上許多最傑出的天才都參與了它成長的每一步，使其成為當代物理的兩大支柱之一。

量子力學所描繪的世界，是一個錯綜複雜、迷霧重重的世界，它和宏觀世界的規律完全不同，具有超出我們常識的極其神奇的特性。你知道嗎？在量子世界，如果你不看月亮，月亮就只按一定的「機率」掛在天空！在量子世界，光似粒子，也似波，表現出「雙重人格」，將兩種截然不同的東西統一在一個物理客體，性質如此詭異！在量子世界，粒子有點像「孫悟空」，拔一根猴毛，一吹之後，孫悟空就會出現在很多地方！在量子世界，粒子就像一個精通穿牆術的「嶗山道士」，能夠輕易穿過厚厚的牆而毫髮無損！在量子世界，一對同源粒子就像一對「雙胞胎」，無須任何溝通，即使相距百萬光年，也能感知彼此狀態的變化！

所有的一切表明，量子世界是一個人們完全陌生的世界，它總是在最根本的問題上顛覆我們的常識，使人們感到從未有過的心靈震撼。今日，對於所有對自然充滿好奇的讀者來說，不了解量子就無法理解身邊這個新世界，也就無法獲得新的科學思想及其帶來的深遠影響。

不必擔心，只要讀者保持開放的心態，樂於思考，量子世界的神祕面紗便會隨著你的不斷學習而逐漸揭開，最終找到全新的答案。

1.1 上帝擲骰子嗎

關於大自然的真實面貌是什麼？兩位 20 世紀偉大的物理巨擘有過這樣一段經典的對話：

愛因斯坦：「親愛的，上帝不擲骰子！」

波耳：「愛因斯坦，別去指揮上帝應該怎麼做！」

圖 1.1 神奇的不確定性

愛因斯坦維護決定論，否定不確定性，認為上帝是不擲骰子的。物理定律應該簡單明確：A 導致 B，B 導致 C，C 導致 D，環環相扣，即使過程再複雜，每一件事都有來龍去脈，而不依賴什麼隨機性。

然而，在量子的微觀世界裡，事情就變得很神奇了！量子力學的關鍵是機率和隨機性。機率就是這麼無緣無故，隨機就是這麼無因無果。量子力學認為，宇宙萬物都是由受到機率所規範的原子以及亞原子粒子所組成的。所有粒子似乎並不喜歡被束縛在單一的位置或者沿著某一條軌道運動。比如電子，你不能問：「電子在哪裡？」你就只能問：「如果我在這個地方觀察某個電子，那麼它在這裡的機率是多少？」你能夠用量子力學的方程式非常準確地計算出電子落在各處的機率。既然世界上所有的東西都是由原子或亞原子這樣的粒子所組成，所以量子定律不僅能夠解釋微小的事物，也能夠解釋現實世界的一切。大自然遵循的是機率統計規律。

1.2 光似波，又似粒子

光，宇宙之母，它與人類的生產、生活有著極其密切的關係。但是，光的性質是什麼？這一直是人類需要解決的謎題。當人們對光進行觀測的時候，它有時呈現粒子模樣，有時又變成波的模樣，不斷變臉，光本來的真身究竟是什麼？在物理界形成了粒派和波派，波粒大戰延綿三百餘年。

量子力學是怎樣解釋的呢？它認為，光既是粒子又是波，但每次我們觀測光的時候，它只展現其中的一面，這裡的關鍵是我們如何觀測它，而不是它「究竟是什麼」。比如，在光的雙狹縫實驗中（見圖 1.2），光子通過雙狹縫既可以在螢幕上顯示為一個點，表現出粒子性。光子又可以同時穿過兩條狹縫，在螢幕上留下明暗相間的干涉條紋，呈現出波的特性。這表明粒子和波在同一時刻是互斥的，但作為光的兩面，它們卻在一個更高的層次上統一在一起。

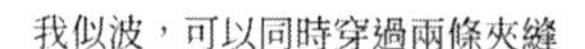
我似波，可以同時穿過兩條夾縫

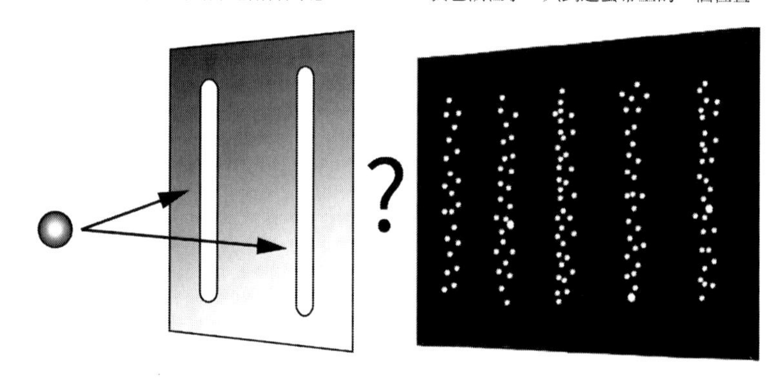
我也似粒子，只到達螢幕上的一個位置
?

圖 1.2 光的雙狹縫實驗

古典理論認為，粒子與波是兩種截然不同的東西，它們不可能統一到一個物理客體上。量子理論認為，光既是粒子又是波，具有波粒二象性，這才是光的本性，而且在量子世界，不僅光，所有微觀物質都具有波粒二象性，表現出「雙重人格」的特點（見圖 1.3），性質如此詭異！

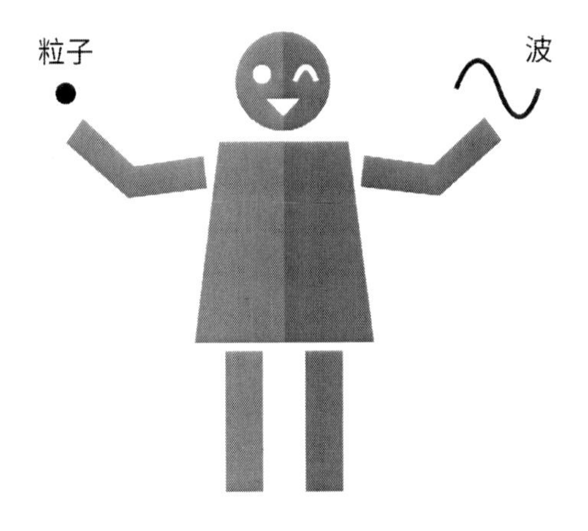

圖 1.3 微觀物質具有「雙重人格」

1.3 飄忽不定的幽靈
——不能同時確定微觀粒子的位置和速度

在古典世界裡，大到恆星，小到一粒沙子，每一樣東西都是實實在在的，宏觀物體在某一時刻具有確定的位置和確定的狀態。我們平日裡在說一個物體位置的時候，潛意識裡是把它近似為一個點來描述的，想要探測到它們的運動狀態並不是一件難事，即便是超過音速的飛機，我們也能透過雷達準確探測到它的速度和位置座標（見圖 1.4）。

圖 1.4 雷達可以探測到飛機的運動資訊

然而，在微觀世界裡，人們發現微觀粒子的運動狀態具有很大的不確定性，像「幽靈」一樣飄忽不定，速度和位置資訊無法同時得到。起初在人們剛開始研究微觀世界的時候，都認為微觀粒子難以觀測的原因僅僅是由於它們實在太小了，認為定位一個電子就像在一個很大房間裡去找一隻討厭的蚊子。但是人們始終相信，即便蚊子再小，它也是一個實實在在的物體，只要儀器夠先進，必然能找到它確定的運動狀態。

然而，事實卻並非如此，在量子的世界裡，無論科學家們怎樣嘗試，對粒子的位置進行一次精確測量，就會影響到粒子速度的精確性，位置測量得越精確，它的速度就會越不精確，粒子的位置和速度不能同時測定。你可以用右眼觀察位置，用左眼觀察速度，但是睜開雙眼去觀察就會頭昏眼花、一片茫然，這是由測不準原理（Uncertainty principle）決定的（見圖 1.5）。就像我們永遠打造不出永動機，也永遠打造不出能同時觀察位置和速度的顯微鏡。

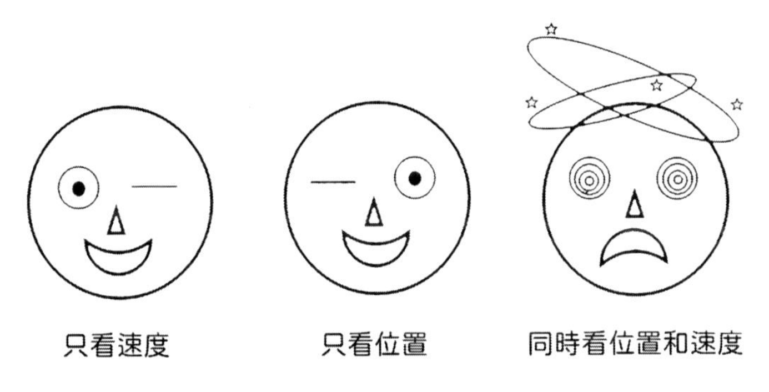

圖 1.5 速度和位置無法同時觀測

1.4 微觀粒子就像「孫悟空」，拔根猴毛就會出現很多小悟空

在古典物理的世界裡，一個物體的狀態就像簡單的開關，只能處於開啟或關閉的確定狀態，1 ＝ 1，0 ＝ 0，1 永遠也不會等於 0，因此物體的狀態不可能既是 1 又是 0，一個生命，在「活著」與「死去」兩種狀態中只能存在一種，要麼是活著的，要麼是死去的。

到了量子世界，量子可以同時以 0 和 1 的形態存在，微觀粒子可以同時處於兩個不同的狀態，可以同時做不同的事情，可以同時處於不同位置，甚至也可以一邊工作，一邊休息，這就是奇妙的量子疊加性。量子力學認為，在人們對粒子進行觀測之前，永遠不會確切地知道它的狀態。實際上，它處於所有可能狀態的總和，即處於疊加態。這一思想遭到普遍反對，愛因斯坦維護物理實在性，否定粒子狀態疊加性，提出一個問題：「月亮只是因為老鼠盯著它看才存在嗎？」

物理學家潘建偉曾舉過一個例子：科學院一個代表團去法蘭克福訪問，回北京時有兩條路線，一條經由莫斯科到北京，比較冷；另一條經由新加坡到北京，比較暖和，一個乘客在飛機上睡著了，著陸後大家問他怎麼回來的，他感覺又冷又熱，答道：「也許我是同時從兩條線路回來的。」

物理學家郭光燦也曾舉過一個形象的例子：在一塊雪地上，滑雪的人穿過一根樹樁時，代表古典資訊的滑雪者只能從兩邊繞過，而代表量子資訊的滑雪者則像魔術師一樣直接從樹的兩側同時穿過，留下兩道痕跡（見圖 1.6）。

圖 1.6 同時從兩條路徑滑過

量子疊加態可以推廣到很多狀態，粒子既可處於 ψ 態，又可處於 ψ_2 處，還可處於 ψ_1 和 ψ_2 的線性疊加態。在《西遊記》裡，孫悟空拔下一撮毛，輕輕一吹就會變出許多小孫悟空，這些小猴子都是孫悟空的分身，此時，孫悟空就處於若干個猴子的「疊加態」。但是量子的分身術不能被人看，一旦有人看它，分身術就會隨機消失。因為在量子力學中，如果對粒子進行觀測，疊加態就會突然結束，瞬間塌縮為一個確定狀態（即本徵態）（見圖 1.7），我們才能知道粒子處於什麼狀態。而在古典世界，宏觀客體是一種物理實在，與人們的觀測無關。

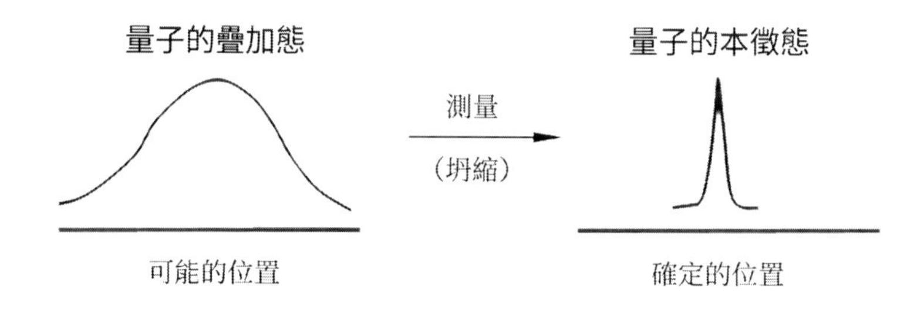

圖 1.7 波函數塌縮

一個人，在同一時刻卻可以位於不同的位置，在古典物理的世界裡根本無法想像，這到底是為什麼呢？

1.5 微觀粒子就像精通「穿牆術」的嶗山道士

熟悉《聊齋》或者看過動畫《嶗山道士》的讀者應該會對裡面嶗山道士的故事頗有印象，道士只要一作法，就能一邊唸著咒語，一邊從牆中穿過去，很是神奇。它僅僅是個神話故事嗎？

日常生活中，如果我們把一個小球扔向一道堅固的牆壁，那麼它一定會撞上牆壁，然後反彈回來。在古典物理學中，一個強度足夠的屏障會把其他物體阻擋住，防止其從中穿過。但是在量子的世界裡，事情將會變得很不一樣。如果把小球換成微觀粒子，把堅固的牆壁換成勢壘，那麼，總會有一部分微觀粒子以一定機率像嶗山道士一樣瞬間穿越不可浸透的障礙物（見圖 1.8），聽起來很不可靠？這就是著名的量子穿隧效應（Quantum tunneling effect）。這就相當於，你正在家中坐著，隔壁的鄰居突然穿牆而過來到了你家裡。量子穿隧效應經過實驗反覆驗證是正確的，根據這一效應製造了隧道二極體（Tunnel Diode），廣泛應用於電腦。

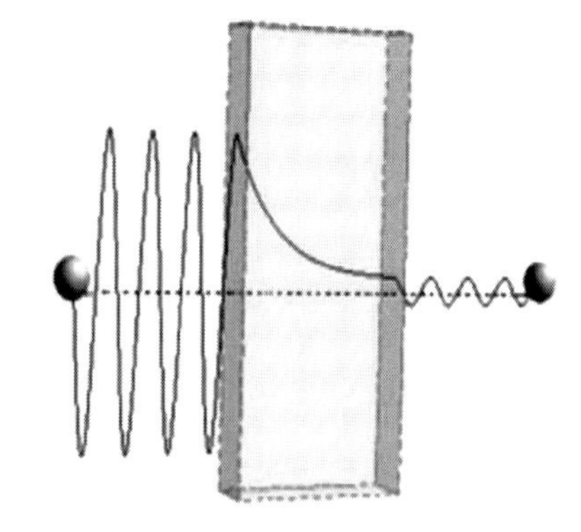

圖 1.8 總有部分粒子以一定機率穿過勢壘（牆）

1.6 微觀粒子好像「雙胞胎」，產生「鬼魅般的超距作用」

我們經常在日常生活中聽說雙胞胎之間的心靈感應現象，在量子世界裡，也存在著這種奇妙的「心靈感應」。在微觀世界裡，如果透過某些技術手段，在原子級別上把一個粒子「切割」成兩個更小的粒子，那麼，切割形成的兩個更小的粒子就好像是同一個媽媽生下的雙胞胎，這兩個小粒子之間就會像雙胞胎一樣具有「心靈感應」的特點。兩個粒子即使相隔百萬光年，只要你對一端的粒子狀態進行觀測，另一端粒子的狀態也會瞬間發生變化。這種變化不受時間和空間的限制，感應速度遠超光速。而在古典力學裡，完全無法找到類似的現象，是不是非常神奇？

量子糾纏違背了定域實在論。因為在古典力學中，宇宙中的最高速度不能超過光速，愛因斯坦便將這種現象稱之為「鬼魅般的超距作用」。但量子糾纏偏偏又是無可辯駁的事實，大量實驗表明量子糾纏是微觀世界最普遍的一種現象，量子糾纏的「感應」速度至少是光速的 1 萬倍！

在古典力學中，光速存在極限是指一個有質量的物體不能透過加速的方式達到光速，而在微觀世界裡，量子糾纏的速度是一種感應速度，而粒子本身的運動並沒有超過光速，因此量子糾纏並不違背光速極限原理。在測量之前，這一對

「雙胞胎」實際上仍然是一個整體，當測量其中一個之後，整體性立刻消失，它們就會同時脫離糾纏的狀態，展現出「雙胞胎」各自的狀態，這就是量子糾纏的神奇之處。

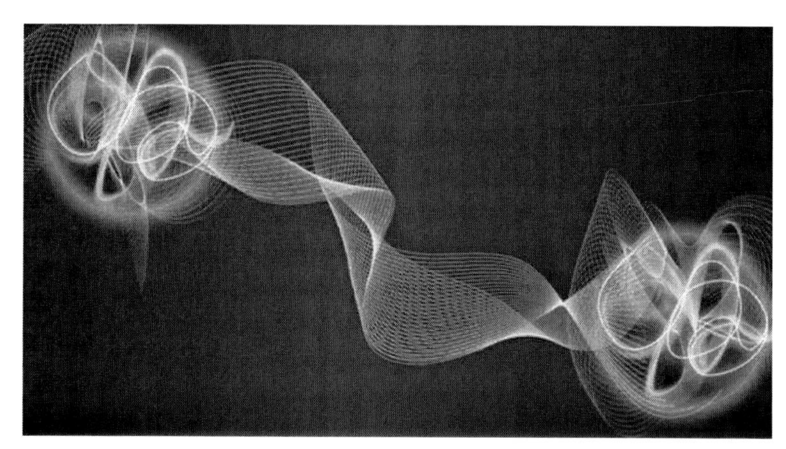

圖 1.9 量子糾纏（a）

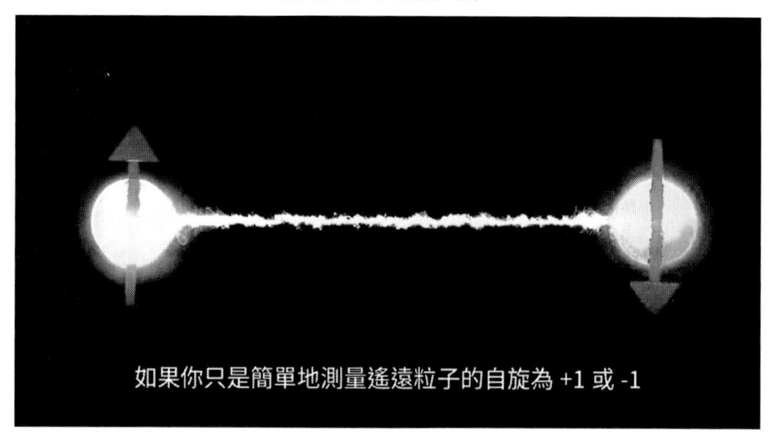

如果你只是簡單地測量遙遠粒子的自旋為 +1 或 -1

圖 1.10 量子糾纏（b）

Chapter2
量子力學是怎樣產生的

量子概念的誕生已經超過一個世紀，現在讓我們再回到那個偉大的時代，回顧一下那段史詩般壯麗的量子論發展史。

2.1 1900 年，普朗克提出了量子概念

量子理論可以說是始於黑體輻射的研究。這裡，需要解答三個問題：

1. 什麼是黑體輻射？
2. 理論公式和實驗結果的矛盾是什麼？
3. 如何突破這個矛盾？

圖 2.1 普朗克

科學發現，一切溫度高於絕對零度的物體都會發出輻射，這種輻射是以「電磁波」的形式發出來的，並將這些輻射轉化為熱輻射。人體就在時時刻刻向外輻射一定波長範圍的電磁波，之所以我們看不到，是因為這種電磁波不是可見區域的電磁波。對於外來輻射，物體有吸收和反射的作用。如果一個物體能百分百吸收投射到它上面的電磁輻射而無反射，這種物體稱為黑體。若在一個密閉的空間上開一個小孔（見圖 2.2)，因為任何從空間外面射入小孔裡的輻射在空間內會發生多次反射，最終被完全吸收，這個小孔的作用就像是一個相當理想的黑體。

在日常生活中，我們觀察建築物的小窗戶，如果建築物內部沒有光源，儘管是白天，看到的小窗戶也是黑色的，窗戶越小就越黑，這個窗戶所在的空間就構成一個近似程度不高的黑體模型。

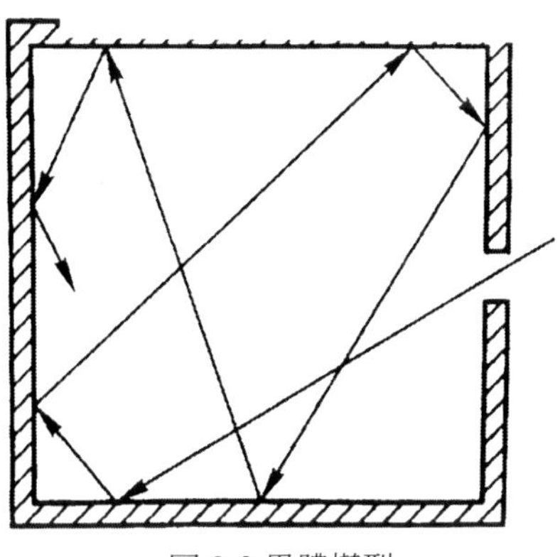

圖 2.2 黑體模型

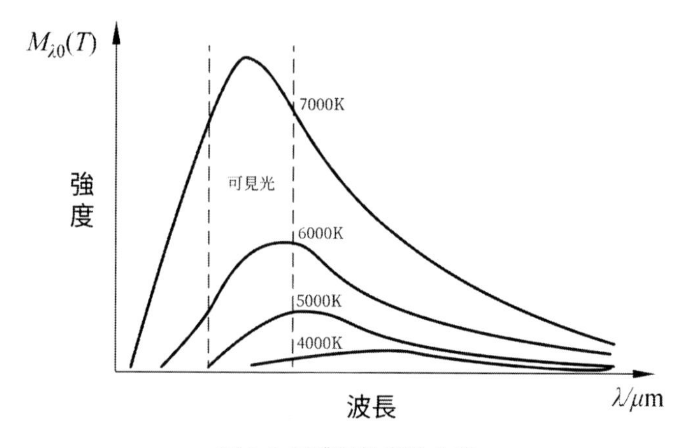

圖 2.3 黑體輻射實驗曲線

理論和實驗表明，黑體輻射與構成空腔的材料性質無關，而只依賴於空間的溫度。圖 2.3 表示黑體在不同溫度下輻射強度隨波長的變化曲線。接下來要做的事情，就是用理論來解釋實驗曲線。經過科學家的研究，在黑體問題上，我們得到了兩套公式。可惜，一套只對長波有效，而另外一套只對短波有效。這讓人們非常鬱悶，就像有兩套衣服，其中一套上衣十分得體，但褲子太長；另一套的褲子倒是適合，但上衣卻小得無法穿上身。最要命的是，這兩套衣服根本沒辦法合在一起穿，因為兩個公式推導的出發點是截然不同的！從波茲曼統計力學去推導，就得到適用於短波的維因公式，而在長波範圍則與實驗曲線顯著不一致。從馬克士威電磁場理論去推導，就得到適用於長波的瑞利 - 金斯公式，但當波長進入短波範圍（紫外區）則完全不符合，且當波長趨於零時，瑞利 - 金斯公式趨於無窮大，這顯然是荒謬的，這種情況被稱為「紫外災變」(Ultraviolet catastrophe)（見圖 2.4）。總之，當時沒有提出一個理論公式能對黑體輻射實驗曲線作出全面擬合，更談不上作出正確的物理解釋，這就是 19 世紀末在物理學天空中漂浮著的一朵烏雲。

1900 年，德國物理學家普朗克終於找到了一個能夠成功描述整個黑體輻射實驗曲線的公式，不過他卻不得不引入一個在古典電磁波理論看來「離經叛道」的假設：黑體輻射的能量不是連續的，而是一份份的，即量子化的。

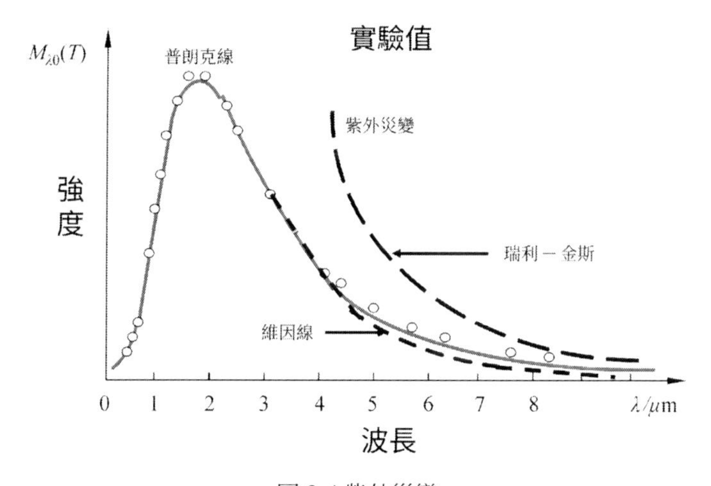

圖 2.4 紫外災變

普朗克指出，黑體輻射能量的最小單元為 $h\nu$，其中 ν 是電磁波頻率，能量只能以能量量子的倍數變化，即

$$E = h\nu, 2h\nu, 3h\nu, 4h\nu, \cdots\cdots$$

這是一個石破天驚的假設，成為了量子革命的開端！

既然能量是量子化的，為什麼我們在日常生活中從來沒有察覺到這一現象呢？這是因為普朗克常數太小了，$h = 6.626 \times 10^{-34}$J·S，所以人們才一直誤以為能量是連續的。

2.2 1905 年，愛因斯坦提出了光量子假設

西元 1887 年，赫茲發現紫外線照射到某種金屬板上，可以將金屬中的電子打出來（見圖 2.5），這種光產生電的效應稱之為光電效應（Photoelectric Effect）。

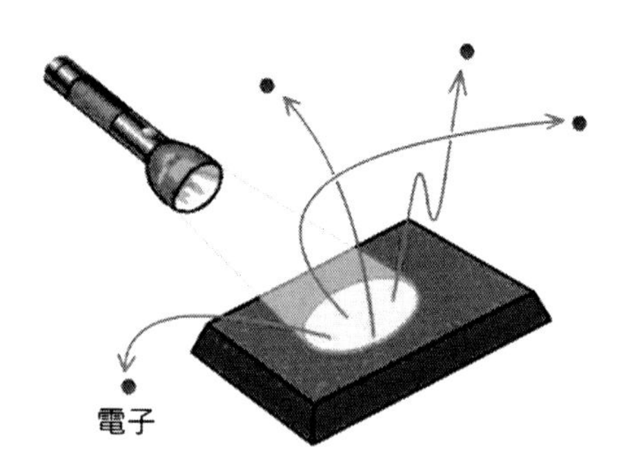

圖 2.5 光電效應

當人們用電磁波理論解釋光電效應時卻遇到了嚴重困難：

1. 按電磁波理論，只要光強足夠，任何頻率的光都能打出電子，可是實驗結果是再強的可見光也打不出電子，而很弱的紫外線就可以打出電子。

2. 按電磁波理論，10^{-3}s 後才能打出電子，可實驗結果是 10^{-9}s 即可打出電子。
3. 按電磁波理論，被打出的電子的動能與光強有關而與頻率無關，可實驗結果卻是電子的能量與光強無關而與光的頻率成正比。

愛因斯坦受普朗克的能量量子化假設的啟發，提出了光量子假設。他認為，如果把一份份的能量量子看作粒子，光透過具有粒子性的能量量子進行傳播並與物質發生相互作用，則光電效應問題迎刃而解。

圖 2.6 愛因斯坦

1905 年，愛因斯坦發表了闡述這一觀點的論文《一個關於光的產生與轉換之啟發性看法》（*On a Heuristic Point of View about the Creation and Conversion of Light*）。他在論文中

寫道：「在我看來，關於黑體輻射、光致發光（Photoluminescence)、光電效應以及其他一些有關光的產生和轉換現象的實驗，如果用光的能量在空間不是連續分布的這種假設來解釋，似乎就更好理解。按照我的假設，從光源發射出來的光束的能量在傳播中不是連續分布在越來越大的空間之中，而是由個數有限的、侷限在空間各點的能量量子所組成，這些能量量子能夠運動，但不能再分割，而只能整個地吸收或產生出來」。

愛因斯坦將這種光的能量粒子稱為光量子（Light Quantum)，後來人們改稱為光子（Photon)。光子學說可以很好地解釋光電效應。因為每一個光子的能量都固定為 $h\nu$，那麼光照射到金屬表面，金屬所受到的打擊主要取決於單個光子的能量而不是光的強度，光的強度只決定光子流的密度而已。

打個比方來說，光子就是子彈，能否打穿鋼板只取決於子彈的動能，而與子彈的發射密度無關。如果是大口徑步槍，一顆子彈就能擊穿鋼板，如果是玩具手槍射出的塑料子彈，一百把手槍同時發射也打不穿鋼板。

在光電效應實驗中，紫外線就是大口徑步槍的子彈，可見光就是玩具槍的子彈，所以很弱的紫外線就可打出電子，而再強的可見光也打不出電子，因為可見光的強度高只不過意味著塑料子彈密集發射而已。因為光子能量是 $h\nu$，所以被光子打出來的電子動能就與光的頻率 ν 成正比，而與光強無關。

2.3 1913 年，波耳提出了量子化的原子模型

1911 年，英國物理學家拉塞福（Ernest Rutherford）發現原子模型很像一個行星系統（比如太陽系），在這裡，原子核就像太陽，而電子則是圍繞太陽運行的行星們。但是，這樣的模型是不穩定的。因為帶負電的電子繞著帶正電的原子核運轉，根據馬克士威電磁理論，兩者之間會放射出強烈的電磁輻射，從而導致電子一點點地失去自己的能量，它便不得不逐漸縮小運行半徑，直到最終「墜毀」在原子核上為止，整個過程只有一眨眼的工夫。換句話說，拉塞福的原子是不可能穩定在超過 1 秒的。面對這樣的困難，拉塞福勇敢地在倫敦出版的《哲學雜誌》上，向所有物理學家宣布他的原子模型，並在文章中毫不諱言地說：「關於所提的原子穩定性問題，現階段尚未考慮進行研究……但是我們的科學事業除了今天還有明天！」然而，當時他的模型根本沒有引起學術界的重視，大家對這個模型十分冷淡，這使拉塞福的滿腔期望被一掃而空。

誰是拉塞福瀕臨崩潰的原子模型的救星呢？ 1911 年 9 月來自丹麥的一位 26 歲小夥子尼爾斯·波耳，並沒有因為拉塞福模型的困難而放棄這一理論，反而對拉塞福模型很感興趣。後來，史學家問過波耳：「當時是不是只有你一個人感興

趣呢？」波耳回答說：「是的，不過你知道，我主要不是感興趣，我只是相信它。」

圖 2.7 波耳

那麼，波耳如何解決拉塞福原子模型存在的問題呢？他的創新思想體現在何處呢？他首先想到的是把當時由普朗克所提出的，後又由愛因斯坦所發展的量子觀點用到他的模型中來。他認為在原子這種微觀的層次上古典物理理論將不再成立，新的革命性思想必須被引入，這個思想就是量子理論。然而，要否定古典理論，重點是新理論要能完美地解釋原子的一切行為，應說這是一個相當困難的任務。首先遇到的問題是在量子化的原子模型裡如何解釋原子的光譜問題。當時，原子光譜對波耳來說是陌生和複雜的，成千條譜線和各種奇怪的效應，在他看來太雜亂無章，似乎不能從中得出什麼有用的資訊。正當波耳撓頭不已的時候，他的大學同學漢森（Hans Hansen）告訴他，瑞士的一位中學教師巴耳末（Johann Balmer）提出了一個關於氫原子的光譜公式，這裡面其實是有規律的。

什麼是巴耳末公式呢？下面用原子譜線波長 λ 的倒數來表示，則顯得更加簡單明瞭：

$$\frac{1}{\lambda}=R\left(\frac{1}{2^2}-\frac{1}{n^2}\right) \quad (n=3,4,5,\cdots)$$

其中 R 是一個常數，稱為雷德堡（Rydberg）常數；n 是大於 2 的正整數。

巴耳末公式如此簡單，卻蘊藏著原子結構的精髓與原子光譜的規律，但卻一直無人問津。1954 年波耳回憶道：「當我一看見巴耳末公式時，一切都在我眼前豁然開朗了。」真是「山重水復疑無路，柳暗花明又一村。」在誰也沒有想到的地方，量子理論得到決定性的突破。

我們再來看一下巴耳末公式，這裡面用到了一個變量 n，那是大於 2 的任何正整數。n 可以等於 3，可以等於 4，但不能等於 3.5，這無疑是一種量子化的表述。原子只能放射出波長符合某種量子規律的輻射，這表示什麼呢？我們回顧一下普朗克提出的那個經典量子公式：

$$E=h\nu$$

頻率 v 是能量 E 的量度，原子只釋放特定頻率（或波長）的輻射，表示在原子內部，它只能以特定的量吸收或發射能量。於是，在波耳的腦海中浮現出來：原子內部只能釋放特定量的能量，表明電子只能在特定的「位能位置」之間轉換。也就是說，電子只能按照某些確定的軌道運行，這些軌道必須符合一定的位能條件，從而使得電子在這些軌道間躍遷時，只能釋放符合巴耳末公式的能量來。關鍵是我們現在知道，電子只能釋放或吸收特定的能量，而不是連續不斷的。不能像古典理論所假設的那樣，是連續而任意的。也就是說，電子在圍繞原子核運轉時，只能處於一些特定的能量狀態中，這些不連續的能量狀態稱為定態（Stationary state）。你可以有 E_1，可以有 E_2，但不能取 E_1 和 E_2 之間的任意數值。波耳認為：當電子處在某個定態的時候，它就是穩定的，不會放射出任何形式的輻射而失去能量。這樣就不會出現原子崩潰問題了。

波耳現在清楚了，氫原子的光譜線代表了電子從一個特定的軌道跳躍到另外一個軌道所釋放的能量。因為觀測到的光譜線是離散的，所以電子軌道必定是量子化的，它不能連續取任意值。連續性被破壞，量子化條件必須成為原子理論的主宰。波耳用量子概念修改並完善了拉塞福提出的原子「太陽系」模型，成功地解釋了許多物理和化學現象，促進了以後的原子能的研究。

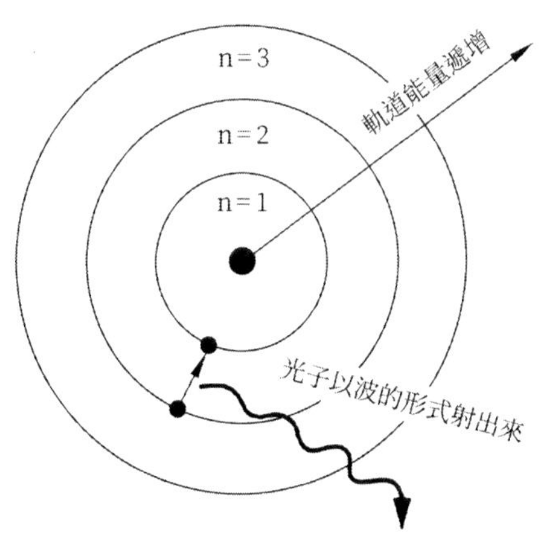

圖 2.8 量子躍遷

2.4 1924 年，德布羅意提出了物質波理論

德布羅意（Louis de Broglie）受愛因斯坦思維方式的啟迪，認識到「愛因斯坦光的波粒二象性乃是遍及整個物理世界的一種絕對普遍現象」，並勇敢地發展了愛因斯坦的思想，提出了一個更加大膽的思想：光波是粒子，那麼粒子是不是波呢？也就是說光的波粒二象性是不是可以推廣到一切實物粒子（如原子、電子等）呢？他應用相對論和量子論，簡潔而巧妙地導出了粒子動量 p 與伴隨著的波的波長 λ 之間的關係式為：

$$\lambda = \frac{h}{p}$$

這就是著名的德布羅意關係式。由此關係式可見粒子動量 p 越小，波長 λ 就越長。所以在原子、電子體系中，即微觀世界中，粒子的波動性就會顯示出來。由此，德布羅意預言電子在運行的時候，同時伴隨著一個波。

圖 2.9 德布羅意

什麼？電子居然是一個波？這未免讓人感到不可思議。當時在科學界激起軒然大波，在大自然的景象中竟然出現了一種意想不到的東西——「物質波」(Matter waves)。後來，戴維孫（Clinton Davisson）等人在做電子繞射實驗時證實了電子像光子一樣具有波的特徵。

1930 年代以後，實驗進一步發現，不僅電子，而且中子、質子和中性原子都有繞射現象，也就是都有波動性，它們的波長也都可以用德布羅意關係式來確定，從而進一步證實了德布羅意物質波的普適性。

各位讀者，容作者在這裡說明一下德布羅意提出電子是波有什麼實際價值。我們平常之所以能看到東西，那是由於光作用於物體，再由物體反射到我們眼裡。光學顯微鏡顯示物體微小細部的能力，以所使用光波長短的程度而決定。放大能力最強的光學顯微鏡使用波長最短的紫外線光。好了，現在德布羅意證明電子和光一樣也是波，而電子的波長為紫外線光波長的幾千分之一，何不用它來代替光顯示物體呢？果然，人們把電子集中到一個焦點上，射過物體，便在螢幕上得到一個放大的圖像。1932 年世界上第一臺電子顯微鏡問世。1938 年美國人製造了一臺能放大 3 萬倍的電子顯微鏡，而當時最大的光學顯微鏡也只能放大 2,500 倍，現在人們使用的電子顯微鏡已經能放大到 20 萬倍以上了。

2.5 1924 年，玻色提出了一種新的全同粒子的統計理論

大家知道，波茲曼作為統計大師，研究的是古典粒子的統計理論，那麼量子力學中粒子的統計行為又是怎麼樣的？

1922 年，玻色（Bose）有一次給印度達卡大學學生講授光電效應和黑體的紫外災變時，需要應用統計規律給學生講清楚理論預測的結果與實驗不一致的問題，當然仍然是應用波茲曼的古典統計理論。當時物理學家的腦中絕對沒有所謂粒子「可區分或不可區別」的概念。每一個古典粒子都是有軌道可以精確跟蹤的，這就意味著，所有的古典粒子都是可以相互區分的，玻色也是這樣的認識。但他在運用古典統計來推導黑體輻射理論公式的過程中犯了一個「錯誤」，這個錯誤類似於「擲兩枚硬幣得到兩次正面（即正正）的機率為三分之一」的錯誤。沒想到，這個錯誤卻得出了黑體輻射理論公式與實驗結果相符合的結論。也就是不可區分的全同粒子所遵循的一種統計規律。

圖 2.10 玻色

什麼叫「擲兩枚硬幣，正正機率為三分之一」的錯誤？另外什麼叫「不可區分的全同粒子」？兩個粒子可區分或不可區分，會影響機率的計算？

在現實生活中，如果我們擲兩枚硬幣則會發生四種情況：正正、反反、正反、反正。如果假設每種情況發生的機率都一樣，那麼得到每種情況的可能性皆為四分之一。現在，我們想像兩枚硬幣變成了某種「不可區分」的兩種粒子，姑且稱它們為「量子硬幣」吧。這種不可區分的東西完全一模一樣，而且不可區分。那麼，「正反」和「反正」就是完全一樣，所以，當觀察兩個這類粒子的狀態時，所有可能發生的情況就只有正正、反反、正反三種情況。這時，仍然假設三種情況發生的機率是一樣的，便會得出「每種情況的可能性都是三分之一」的結論。由此可見，多個「一模一樣、無法區分」的物體，與多個「可以區分」的物體所遵循的統計規律是不一樣的。玻色認識到自己犯的也許是一個「沒有錯誤的錯誤！」他繼續深入鑽研下去，研究機率 1/3 區別於機率 1/4 之本質，進而寫出一篇《普朗克定律與光量子假設》論文。文中玻色首次提出古典的波茲曼統計規律不適合微觀粒子的觀點。他認為這是海森堡（Heisenberg）的測不準原理造成的影響。需要一種全新的統計方法。然而，沒有雜誌願意發表這篇論文。後來的 1924 年，玻色突發奇想，直接將論文寄給大名鼎鼎的愛因斯坦，立刻得到了愛因斯坦支持。玻色的

「錯誤」之所以能得出正確的結果，因為光子正是一種相互不可區分的一模一樣的全同粒子。愛因斯坦心中早有一些模糊的想法，正好與玻色的計算不謀而合。愛因斯坦將這篇論文翻譯成德文在《德國物理學》期刊上發表。玻色的發現是如此重要，以至於愛因斯坦寫了一系列論文稱讚「玻色統計」，因為愛因斯坦的貢獻，如今人們稱之為「玻色 - 愛因斯坦統計」，也就是有別於古典統計的量子統計，服從這種統計的粒子（比如光子）稱為「玻色子」(Bosons)。

所謂全同粒子，是指質量、電荷、自旋等固有性質完全相同的微觀粒子。在全同粒子組成的體系中，兩個全同粒子相互代換不引起物理狀態的改變，此即全同性原理。

2.6 1925 年，海森堡提出了矩陣力學

讓我們回到波耳的原子模型中來。原子中電子的運動方程式是怎樣的呢？它應該是能階和時間的函數。在一個特定的能階 x 上，電子以 v 頻率作週期運動。根據傅立葉分析：任意形狀的函數 $X(v_x)$，都可以把它寫成一系列振幅為 F_n，頻率為 nv_x 的正弦波的疊加：

$$X(\nu_x)=F_{-n}e^{-jn\nu_x}+\cdots+F_{-2}e^{-j2\nu_x}+F_{-1}e^{-j\nu_x}+F_0+F_1e^{j\nu_x}+F_2e^{j2\nu_x}+\cdots+F_ne^{jn\nu_x}$$

波耳理論正是用這種古典方法來處理的：一個能階對應於一個特定的頻率。但是，海森堡指出，一個絕對的「能階」或「頻率」，有誰曾經觀察到這些物理量？沒有，我們唯一可以觀察的只有電子在能階之間躍遷時的「能階差」。既然單獨的能階 x 無法觀測，只有「能階差」可以，那麼頻率必然表示為兩個能階 x 和 y 的函數。我們用傅立葉級數（Fourier series）展開的不再是 nv_x，而必須寫成 $v_{x,y}$ 來表示電子頻率。$v_{x,y}$ 是什麼東西？它竟然有兩個座標，這就是一張二維表格。是的，物理世界就是由這些表格構築的。

圖 2.11 海森堡

海森堡採用一種二維表來表示物理量，表中每個數據用橫座標和縱座標的兩個交量來表示。比如下面這個 3×3 的方塊表示：

$$\begin{pmatrix} 1 & 2 & 3 \\ 4 & 5 & 6 \\ 7 & 8 & 9 \end{pmatrix}$$

其實就是 3×3 矩陣。海森堡的表格和波耳的原子模型不同，它沒有作任何假設和推論，不包含任何不可觀察的數據。但作為代價，它採納了一種二維的龐大結構。然而，讓人不能理解的是，這種表格難道也像普通的物理變量一樣能夠進行運算嗎？你怎麼把兩個表格加起來，或者乘起來呢？因為對於當時的物理學家來說，矩陣幾乎是一個完全陌生的名字。甚至連海森堡自己對於矩陣的性質也不完全了解。例如下面兩個矩陣 I 和 II 相乘：

$$\begin{pmatrix} 1 & 7 \\ 8 & 3 \end{pmatrix} \times \begin{pmatrix} 2 & 5 \\ 6 & 4 \end{pmatrix} = \begin{pmatrix} 44 & 33 \\ 34 & 52 \end{pmatrix}$$

$$\begin{pmatrix} 2 & 5 \\ 6 & 4 \end{pmatrix} \times \begin{pmatrix} 1 & 7 \\ 8 & 3 \end{pmatrix} = \begin{pmatrix} 42 & 29 \\ 38 & 54 \end{pmatrix}$$

居然得出結果：Ⅰ × Ⅱ≠Ⅱ × Ⅰ。

有人諷刺地說，那麼牛頓第二定律究竟是 $F = ma$ 還是 $F = am$ 呢？海森堡回答說，牛頓力學是古典體系，我們討論的是量子體系。永遠不要對量子世界的任何奇特性質過分大驚小怪，否則會讓你發瘋的。量子的規律，並不一定要受乘法交換律的束縛。海森堡堅定地沿著這條奇特的表格式道路去探索物理學的未來。

古典力學常用的動量 p 和位置 q 這兩個物理量也要變成矩陣表格，它們並不遵守傳統的乘法交換律，$p \times q \neq q \times p$。後來，玻恩（Max Born）和約爾旦（Pascual Jordan）甚至把 $p \times q$ 和 $q \times p$ 之間的差值也算出來了，其結果是

$$p \times q - q \times p = \frac{h}{2\pi i}\boldsymbol{I}$$

（式中 $\boldsymbol{I}$ 為單位矩陣）。

可見，原有的乘法交換律被破壞了，但用 $h/2\pi i$ 代替 0 之後，又重建了一種量子力學新關係。新關係中包含了普朗克常數 h，因而打上了量子化的烙印。古典的牛頓力學方程式被矩陣形式的量子方程式所代替，成為量子力學的第一個版本。1925 年 12 月，愛因斯坦在給好友貝索（Michele Besso）的信中對這個新理論評價說：

近來最有趣的理論成就，就是海森堡 - 玻恩 - 約爾旦的量子態的理論。這是一份真正的魔術乘法表，表中用無限的行列式（矩陣）代替了笛卡兒座標系。它是極其巧妙的……

後來，玻恩對這個新的力學表述自己的看法時說：「這是從古典力學的光明世界走向尚未探索過的、依然黑暗的新的量子力學世界的第一步。」

2.7 1925 年，包立提出了不相容原理

根據波耳的原子模型，人們提出這樣一個問題：如果原子中電子的能量是量子化的，為什麼這些電子不會都處在能量最低的軌道呢？因為根據能量最低原理，自然界的普遍規律是一個體系的能量越低越穩定，為什麼有些電子要往高能階排布呢？

比如 Li 原子有三個電子，兩個處在能量最低的 1S 軌道，而另一個則處在能量更高的 2S 軌道（見圖 2.12）。為什麼不能三個電子都處在 1S 軌道呢？這個疑問由年輕的奧地利物理學家包立（Wolfgang Pauli）在 1925 年做出解答：他發現沒有兩個電子能夠享有同樣的狀態，而一層軌道所能夠包容的不同狀態，其數目是有限的，也就是說，一個軌道有著一定的容量。當電子填滿了一個軌道後，其他電子便無法再加入到這個軌道中來。「原子社會」的這個基本行為準則被稱為「不

相容原理」（Pauli exclusion principle）。

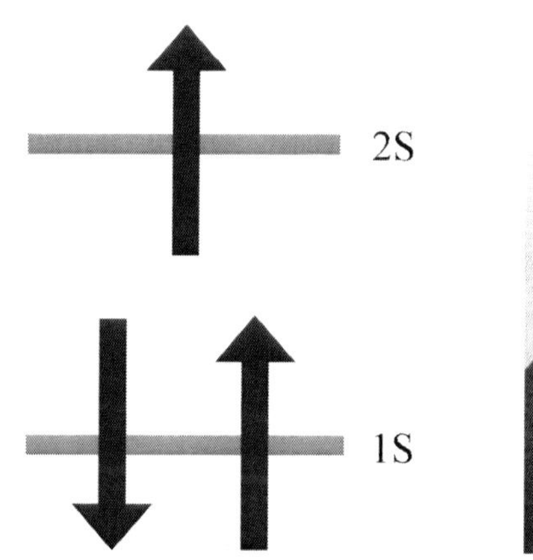

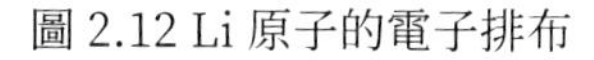

圖 2.12 Li 原子的電子排布

圖 2.13 包立

不相容原理是一個非常重要的理論，正因如此，電子才會乖乖地從低能階到高能階一個個往上排列。也正因如此，才會構成一個一個不同的原子，從而出現我們看到的世界。

有人會問，為什麼 Li 原子的 1S 軌道上有兩個電子呢？它們不是完全相同的嗎？實際上，這兩個電子的運動狀態並不相同，它們一個自旋向上，另一個自旋向下。也正因為電子只有兩種自旋狀態，所以一個軌道上最多只能容納兩個電子。

包立不相容原理使人們從本質上認識了元素週期表的排列方式，對化學這門科學發展具有重大意義。

2.8 1926 年，薛丁格提出了波動力學

1926 年薛丁格（Erwin Schrodinger）在瑞士蘇黎世大學任教授，有人建議他把德布羅意的物質波假設拿到學生中去討論，他很不以為然，只是出於禮貌才勉強答應下來。可是當他為討論準備報告時，立即被德布羅意的思想吸引住了。現在我們又要看到科學史上一次驚人的相似。薛丁格的特長是數學很好，於是他就像牛頓總結伽利略、克卜勒的成果，馬克士威總結法拉第的成果一樣，立即用數學公式將德布羅意的假設又提高了一個層次。

圖 2.14 薛丁格

雖然，德布羅意提出「光有波粒二象性，一切物質粒子也有波粒二象性，電子也不例外」。但是，德布羅意並沒有

告訴大家物質波應該滿足什麼樣的運動方程式，這種波如何隨時間變化，電子的波動性和粒子性又是如何完美地統一起來，等等。當時，一位在蘇黎世高等工業學校任教的著名化學家德拜（Peter Debye）尖銳地指出：「有了波，就應該有個波動方程式」。在德拜的啟示下，薛丁格下功夫研究這個問題，僅花了兩個月的時間，於 1926 年 1 月完成了波動方程式的建立，這就是著名的「薛丁格方程式」── 量子力學的第二種形式：

$$i\frac{h}{2\pi}\frac{\partial\psi}{\partial t}=H\psi$$

式中，i 為虛數符號，h 為普朗克常數，ψ 為波函數，H 為哈密頓算符。這是一個二階線性偏微分方程式，它一經公布立即震驚物理界。

薛丁格方程式就像牛頓方程式解釋宏觀世界一樣，能準確地解釋微觀世界，它清楚地證明原子的能量是量子化的；電子運動在多條軌道上，躍遷軌道時就以光的形式放出或吸收能量；電子在原子核外運動有著確定的角度分布。這樣，薛丁格用數學形式開闢出一個量子力學新體系。

海森堡是用線性代數（矩陣）形式研究量子力學，而薛丁格用的是微積分形式，從此以後，量子力學要用更抽象的概念（數學語言）作出更準確的表述了。人們很快就知道，這兩種理論被數學證明是等價的。1930 年狄拉克（Paul

Dirac）完成了一部古典的量子力學教材《量子力學原理》，將矩陣力學和波動力學完美地統一起來，完成了量子力學的普遍結合。

2.9 1927 年，海森堡提出了測不準原理

1927 年海森堡發表了《關於量子論的運動學和動力學的直觀內容》論文。他在論文中分析了微觀粒子的位置、速度和能量軌道等基本概念之後，提出了測不準原理：在古典力學中，一個質點的位置和動量是可以同時精確測定的；而在微觀世界中要同時精確測定粒子的位置和動量是不可能的，其精確度受到一定的限制。海森堡還給出了測不準關係式，為古典力學和量子力學的應用範圍劃出了明確的界限。

測不準原理又稱不確定性原理，它告訴我們如果把電子速度（或動量）p 測量得百分之百地準確，也就是 $\Delta p = 0$，那麼電子位置 q 的誤差 Δq 就要變得無窮大（$\Delta q \to \infty$）。也就是說，假如我們了解一個電子動量 p 的全部資訊，那麼我們就同時失去了其位置 q 的所有資訊；反之亦然。魚和熊掌不能兼得，不管科技多麼發達都一樣。就像你永遠打造不出永動機，你也永遠打造不出可以同時準確探測到全部 p 和 q 的顯微鏡。

為什麼會這樣呢？這好比我們用一支粗大的測量海水溫度的溫度計去測一杯咖啡的熱量，溫度計一放進去，同時要吸收掉不少熱量，所以我們根本無法測量杯子裡原來的溫度。而作為微觀粒子（如原子）內的能量如此之小，任我們製成怎樣精確的儀器，也會對它有所干擾。觀測者及其儀器永遠是被觀測現象的一個不可分割的部分，一個孤立自在的物理現象是永不存在的，這便是「測不準原理」。我們生活在這個物理世界，身在此山中，難識廬山真面目。

2.10 1927 年，波耳提出了互補原理

互補原理（Complementary principle）指出，一些物理客體存在著多種屬性，這些屬性看起來似乎是相互矛盾的，有時候人們可以透過變換不同的觀察方式來看到物理客體的不同屬性，但原則上不可以用同一種方法同時看到這幾種屬性，儘管它們確實存在。光的波動性和粒子性就是互補原理的一個典型例子。光是粒子還是波？那要看你怎麼觀察它。如果採用光電效應的觀察方式，那麼它無疑是一個粒子；要是用雙狹縫來觀察，那麼它無疑是個波。因此，我們不應視粒子和波為兩個互為排斥的概念，而應視為互為補充的概念，意即兩個概念都是需要的，有時需用其一，有時其二，波耳稱這個看法為互補原理。

圖 2.15 波耳的族徽

波耳對道家思想有著濃厚興趣，並意識到東西方文化的互補性，以至於他以太極圖作為自己族徽上的圖案，並刻上了「對應即互補」的銘文，這句銘文具有深刻的科學文化的雙重含義。

2.11 1928 年，狄拉克提出了相對論性的波動方程式

1928 年狄拉克創造性地把狹義相對論引進量子力學，給出了描述電子運動的相對論方程式，人們稱之為「狄拉克方程式」。後來這個方程式成為了相對論性量子力學的基礎。量子力學與相對論的這一巧妙結合，得到一些意想不到的重要結果。首先，在狄拉克方程式中推出了電子的自旋（傳統認為電子只是圍繞原子核轉），並論證了電子磁矩的存在；

其次，透過求解狄拉克方程式，可以預言「粒子必有其反粒子」。1932 年美國物理學家安德遜（Carl D.Anderson）在用雲室觀測宇宙射線時發現了正電子（帶正電荷的電子是帶負電荷電子的反粒子），與狄拉克的預言完全相符。

狄拉克方程式的提出和成功是物理學和數學高度結合的傑作。為什麼一個實數開根號的時候總有一個正根，又有一個負根呢？例如 4 的開根號等於幾？很簡單是 2 和－ 2。由此將狄拉克預言推廣一下，有個電子就有反電子，有個質子就有反質子，有個中子就有反中子，等等。這是一個神奇的發現！

圖 2.16 狄拉克

2.12 1942 年，費曼提出了路徑積分法

在古典物理中有一個名詞 —— 作用量。它表示一個物理系統內在的演化趨勢，它能唯一地確定這個物理系統未來的走向。我們只要設定系統的初始狀態和最終狀態，那麼系統就會沿著作用量最小的方向演化，這稱為最小作用原理 (Least action principle)，可見大自然是很聰明的。比如，光從空氣進入水中傳播時，光子能在瞬間決定在水中的折射率是多少才是最短路徑。美國物理學家費曼 (Richard Feynman) 把作用量引入量子力學，提出了一種波函數按「路徑積分」的數學方法，成為一座連接古典力學和量子力學的新橋梁。

圖 2.17 費曼

路徑積分是一種對所有空間和時間求和的辦法：當粒子從 A 地運動到 B 地時（見圖 2.18），它並不像古典力學所描述的那樣，有一個確定的軌道。相反，我們必須把它的軌跡表達為所有可能的路徑的疊加！在路徑積分計算中，我們只關心粒子的初始狀態和最終狀態，而完全忽略它的中間過程。對這些我們不關心的事情，我們簡單地把它在每一種可能的路徑上遍歷求和，精妙之處在於，最後大部分路徑往往會自相抵消掉，只剩下那些量子力學所允許的軌跡！費曼證明，他的路徑積分其實和海森堡的矩陣方程式及薛丁格的波動方程式同出一源，是第三種等價的表達量子力學的方法！

圖 2.18 路徑積分

2.13 1964 年，貝爾提出了貝爾不等式

1964 年，北愛爾蘭物理學家貝爾（John Bell）在《物理》雜誌上發表了一個不等式：

$$|P_{xz}-P_{zy}|\leq 1+P_{xy}$$

它的推導極其簡單明確卻又深刻精髓，讓人拍案叫絕。甚至有科學家稱這個不等式為「科學中最深刻的發現」。

式中 P_{xz}、P_{zy}、P_{xy} 是三個機率值。$|P_{xy}-P_{zy}|$ 表示兩個機率之差的絕對值。它必須小於等於 1 加第三個機率值 P_{xy}。貝爾不等式就好像一把利劍，它把機率一分為二，左邊是宏觀世界的機率，右邊是微觀世界的機率。貝爾不等式給予了一個界定宏觀和微觀的清晰標準。經過無數次實驗都發現：貝爾不等式嚴格滿足宏觀世界，而不滿足微觀世界。據說這個實驗做出來的結果，令貝爾目瞪口呆、心情沮喪。因為貝爾是非常支持愛因斯坦的，他對世界的定域實在性深信不疑：大自然不可能是依賴於我們的觀察而存在的，也就是說，存在著一個獨立於我們觀察的外部世界。無論在任何情況下，貝爾不等式都是成立的。

圖 2.19 貝爾

但實驗結果證明，貝爾發現的不等式卻背叛了他的理想，不僅沒有把世界拉回古典圖像中來，反而證明了世界不可能如愛因斯坦所設想的那樣，既是定域的（沒有超光速訊號的傳播），又是實在的（存在一個客觀確定的世界，可以為隱變量所描述）。定域實在性被貝爾不等式從我們的微觀世界中排除了出去。也就是說，貝爾不等式證明了量子糾纏是真實的，粒子可以跨越空間連接 —— 對其一進行測量，確實可以瞬間影響它遠方的同伴，彷彿跨越了空間限制，愛因斯坦生前認為不可能的「鬼魅般的超距作用」確實存在。

貝爾不等式是量子理論建立之後最重要的理論進展，這一進展使得兩種不同意見的爭論可以由實驗觀測結果來判斷是非。這就表明，物理學只能根據實驗結果來修正理論，而不能以因循守舊的觀點，否定實驗結果；物理學家必須由實驗判斷真理，而不能以某種信念判斷真理。

量子論的建立是人類理性思維與科學發展的一個高峰。英國雜誌《物理學世界》(*Physics World*) 在 100 位著名物理學家中選出 10 位最偉大人物中就包含了本書所提到的 7 位物理學家，他們是愛因斯坦（排名第一)、波耳（排名第四)、海森堡（排名第五)、費曼（排名第七）以及排名第八、第九、第十的狄拉克、薛丁格和拉塞福。這足以說明 20 世紀量子論的創立和發展在物理學中所占的重要地位。

人類社會的進步都是走在基礎科學發現的大道上的。量子論是 20 世紀最偉大的科學發現之一，它的創立與發展已經並將繼續引發一系列劃時代的技術創新，其中量子計算技術、量子通訊技術和量子精密測量技術，具有巨大的潛在應用價值和重大的科學意義，正引起國際社會的密切關注。

Chapter3
一個電子可以同時通過兩條狹縫

普朗克說：「物理定律不能單靠『思維』來獲得，還應致力於觀察和實驗。」量子世界的奧祕，就是由很多實驗逐步揭開的。雙狹縫干涉實驗被稱作世界十大經典物理實驗之首，認為這個實驗證明了微觀粒子具有波粒二象性，為量子理論的建立奠定了實驗基礎。著名的物理學家費曼認為雙狹縫干涉實驗是量子力學的心臟，這其中「包括了量子力學最深刻的奧祕」。自雙狹縫干涉現象被人們發現以來，無數科學家花費了大量心血，提出了各種觀點，但是沒有一種觀點能夠被普遍認同。經過科學家的不斷探索，現在已經揭開了雙狹縫干涉實驗的謎底。

3.1 光的雙狹縫干涉實驗

湯瑪士·楊格（Thomas Young）的雙狹縫實驗比較簡單（見圖 3.1）：把一支蠟燭放在一張打了一個小洞的紙片前面，這樣就形成了一個點光源（從一個點發出的光源）。然後在紙片後面再放一張有兩道平行狹縫的紙片。光從第一張紙片的小孔中射入，再穿過後面紙片的兩道狹縫投影到螢幕上，就會形成一系列明暗交替的條紋，這就是現在眾人皆知的干涉條紋。

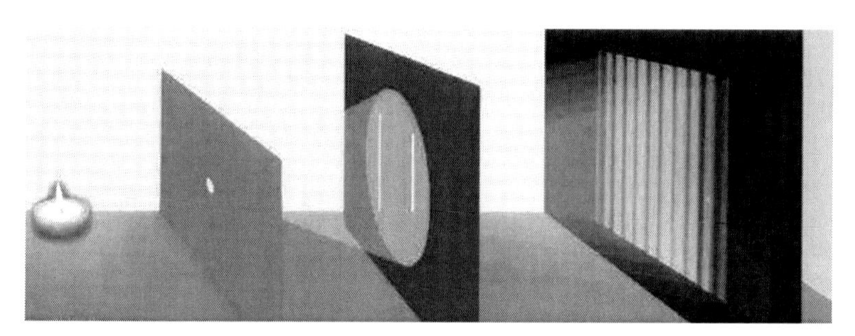

圖 3.1 光的雙狹縫干涉實驗

我們知道，普通的物質是具有疊加性的，一滴水加上一滴水一定是兩滴水，而不會一起消失。但是波動就不同，一列普通的波，它有著波的高峰和波的谷底。如果兩列波相遇，當它們正好都處在高峰時，那麼疊加起來的這個波就會達到兩倍的峰值；如果都處在谷底時，疊加的結果就會是兩倍的谷底。但是，如果正好一列波在它的高峰，另外一列波在它的谷底，它們在相遇時會互相抵消，在它們重疊的地方既沒有高峰，也沒有谷底，將會波平如鏡，如圖 3.2 所示。這就是形成一明一暗條紋的原因。明亮的條紋，那麼是因為兩道光的波峰或波谷正好相互增強所致；而暗的條紋，則是它們的波峰波谷正好互相抵消了。

楊格的雙狹縫實驗撼動了牛頓長達一百多年光粒子說的統治地位，成為光波動說再次確認的有力證明，其意義非同凡響。

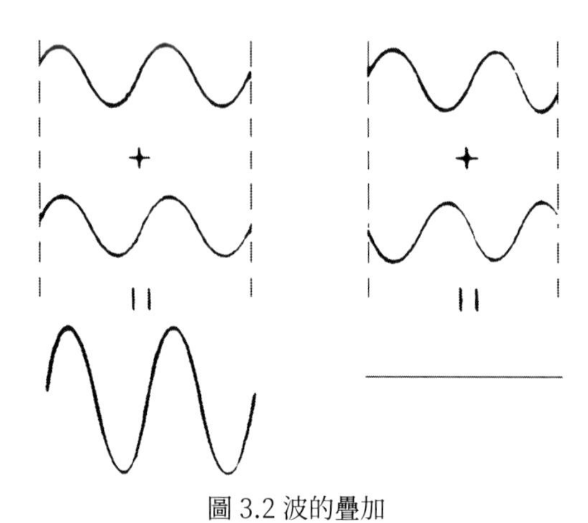

圖 3.2 波的疊加

今天，雙狹縫干涉實驗已經寫進了高中物理的教科書，在每一所高中的實驗室裡，通過兩道狹縫的光依然顯示出明暗相間的干涉條紋，不容置疑地向世人表明光的波動性。

如果發射的不是光。而是古典粒子（如子彈），那就不會出現干涉現象，如圖 3.3 所示。

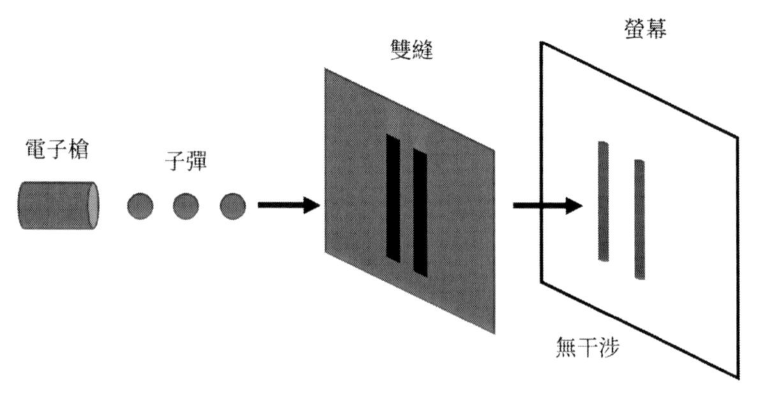

圖 3.3 古典粒子的雙狹縫干涉實驗

3.2 電子的雙狹縫干涉實驗

隨著量子力學的建立，人們深入到粒子世界，物理學家把光的雙狹縫干涉實驗，由光子變成了電子，重複這個實驗。雖然電子跟光子一樣都是微觀粒子，不過比起光子，電子的「粒子」性更強。

實驗裝置如圖 3.4 所示，物理學家把一束電子從電子槍發射出來，經過一段路程後抵達雙狹縫。這時，電子機率性地穿過雙狹縫板，最後落到後面的螢幕上，過程結束。當電子束不斷重複射入時，螢幕上也出現了像光一樣的干涉條紋，由此強有力地證明了電子是一種波。

電子雙狹縫干涉現象可以這樣來描述：

1. 當電子槍發射的電子到達雙狹縫的時候，初始波函數就給定了，它就是經過雙狹縫射出的兩束波函數的疊加。
2. 波函數按照薛丁格方程式演化。到達螢幕上任意一處的波函數，等於穿過左右兩個狹縫的波函數之和。如果兩束波函數交匯在一起，由於兩條路徑長度不同，它們到達螢幕時的相位差可能會有差別，造成螢幕上波函數的振幅在有些位置加強，在另一些位置消減，所以波函數就形成明暗相間的條紋。

3. 螢幕造成測量位置的作用，根據玻恩的波函數統計解釋，在螢幕上各處發現電子的機率正比於該處波函數模的二次方。單個粒子只會留下孤立的亮斑，如果不斷發射大量電子，那麼在統計意義上可以表現電子的波動性。

電子雙狹縫干涉實驗同樣具有非凡的意義，它說明「粒子」性更強的電子也和光一樣具有雙狹縫干涉現象。早在西元 1801 年，光的雙狹縫干涉現象就已經被湯瑪士·楊格所發現。但是，在此後長達 160 年裡，雙狹縫干涉現象僅僅在光學實驗中觀察到。由於技術上的原因，電子的雙狹縫干涉還只是一個思想實驗。直到 1961 年，電子的雙狹縫干涉實驗才首次完成。實際上，電子的雙狹縫干涉實驗同樣可以用其他微觀粒子，甚至原子和分子來完成。因此，雙狹縫干涉實驗為微觀粒子的波粒二象性提供了有力的證據，這是量子力學的一次顛覆性認識。

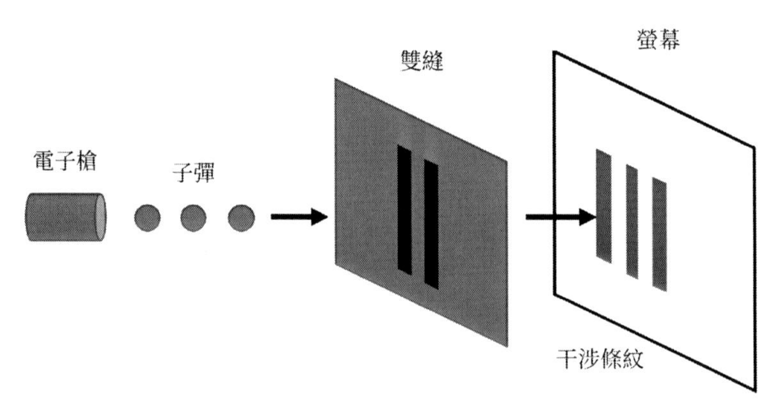

圖 3.4 電子的雙狹縫干涉實驗

3.3 單個電子的雙狹縫干涉實驗

人們猜測電子雙狹縫實驗會出現干涉條紋，是由於一束電子裡包含有許多電子，它們是被同時發射所形成的。因為大量電子在雙狹縫附近擁擠在一起，電子之間會有相互作用，因此產生了干涉現象。如果電子不是被成批發射的，就不應該看到干涉條紋。為了證實這種想法，於是提出了單個電子的雙狹縫干涉實驗。

實驗裝置如圖 3.5 所示，一支能逐個電子發射的電子槍，將電子一個個地射向雙狹縫擋板，並且只有當前一個電子到達螢幕上之後再發射後一個電子，以確保互不相干。但是，經過一段時間逐個發射電子之後，奇蹟發生了，螢幕上依然出現了明暗交替的干涉條紋！

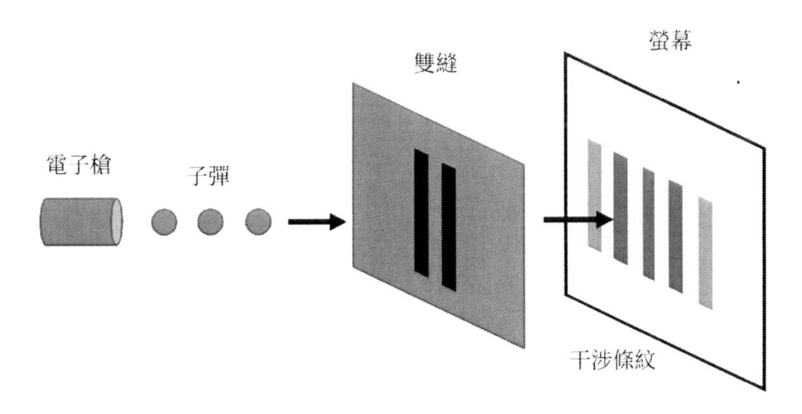

圖 3.5 單個電子的雙狹縫干涉實驗

這個實驗告訴我們：微觀粒子的干涉現象並非由密集的粒子之間的相互作用所造成的。那麼，單個電子又和誰發生干涉？難道一個電子能以奇特的分身術通過雙狹縫，自己與自己發生了干涉？這也太困惑了！

按照量子理論，即使電子一個一個被發射，互不相干，其波函數仍然按照薛丁格方程式演化，每一個電子仍然會依從波函數模二次方的機率擊打在螢幕上，在螢幕上留下亮斑。所有電子都是這樣的。在大量逐個發射電子後，螢幕上的亮斑越來越多，干涉條紋也逐漸明顯。干涉條紋之所以會出現在螢幕上，是由於描述單個電子的波函數按照薛丁格方程式被分成兩束，分別通過兩個縫隙，它的波函數自身與自身干涉，而不是兩個電子之間發生干涉。正如狄拉克所說：在光子雙狹縫干涉實驗中，「每個光子都僅僅與它自己發生干涉。兩個不同光子之間的干涉從來沒有發生過」。這個論斷也適用於單電子雙狹縫干涉現象，就是說，每個電子都僅僅與它自己發生干涉。

3.4 帶探測器的單個電子雙狹縫干涉實驗

在單電子雙狹縫干涉實驗中，為了排除外界的干擾，選擇在封閉的真空內進行，所以是無法觀察到單個電子如何通過雙狹縫，然後投射到螢幕上的。為了觀察到這一點，實驗時在盒內裝上探測裝置（如攝影鏡頭），以便拍攝單個電子是通過哪條狹縫而形成干涉的（見圖 3.6）。但匪夷所思的事情發生了：干涉條紋消失了，只留下兩條明亮的條紋，電子規規矩矩地表現出粒子性。取出攝影鏡頭再實驗，明暗相間的干涉條紋又有了，電子表現出波動性。反覆實驗都是如此，不論誰做，在什麼地方做，結果都是一樣的。

真是令人難以置信，太不可思議了！電子雙狹縫干涉就像羞澀的少女，根本不讓你「看」，電子似乎有眼睛和意識，只要你在「看」它，它就可以察覺，改變自己的路徑，表現出不同的結果。

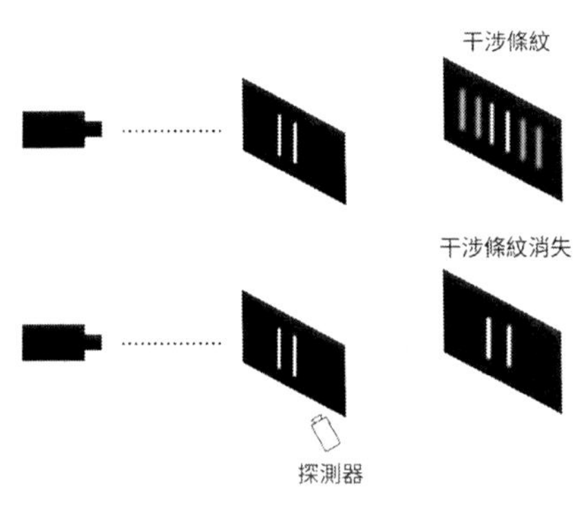

圖 3.6 帶探測器單電子雙狹縫實驗

這個實驗正好說明波粒二象性的互補原理，如果觀測，粒子給你展現的就是粒子性，並且波動性就退化了；而如果不觀測，那麼粒子的波動性就又會出現，並且粒子性退化了。

根據哥本哈根的解釋：在電子通過雙狹縫前，假如我們不去觀測它的位置，那麼它的波函數就按照薛丁格方程式擴散開去，同時通過兩個縫而自我互相干涉，但要是我們試圖在兩條縫上裝上儀器以探測它究竟通過了哪條縫，在那一瞬間，電子的波函數便塌縮了，電子隨機地選擇了一條縫通過。而塌縮過的波函數自然無法進行干涉，於是乎，干涉條紋一去不復返。

3.5 單光子延遲選擇實驗

1979 年，是愛因斯坦誕辰 100 週年，在他生前工作的普林斯頓召開了一次紀念他的討論會。在會上，愛因斯坦的同事約翰·惠勒（John Wheeler）提出一個延遲選擇實驗（Delayed choice experiment），它旨在說明，實驗者現在的觀測行為在某種意義上可以影響微觀粒子過去的行為。這是一個令人吃驚的構想。

實驗裝置如圖 3.7 所示，在實驗中每次仍然只發出一個光子，分以下三種情況觀測。

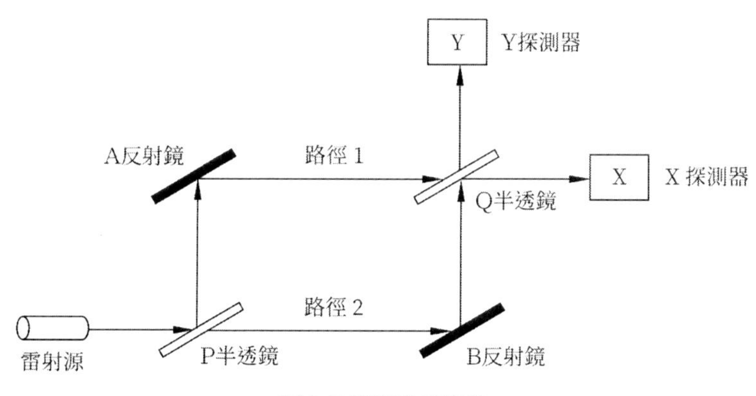

圖 3.7 延遲選擇實驗

第一種情況：不放置半透鏡Q

結果：單個光子入射到半透鏡 P 上，然後分成 2 路。或者被 X 探測器探測到，或者被 Y 探測器探測到。對於大量光子的統計結果顯示，探測器 X 和探測器 Y 會各探測到光子總數的一半。這種情況下，我們可以認為 X 探測到的光子沿路徑 1 而來，Y 探測到的光子沿路徑 2 而來。也就是說，可以判斷光子通過哪條路徑，這時光子呈現粒子性。

第二種情況：放置半透鏡Q

這時來自路徑 1 和路徑 2 的兩路光子在半透鏡 Q 處將重新組合，其中一部分進入探測器 X，另一部分進入探測器 Y，這將引起光的干涉現象，從而將不可能知道光子是從那條路徑過來的，或者說，光子是沿著兩條路徑同時過來的。光子顯示波動性。

第三種情況：延遲放置半透鏡Q

我們已經知道，如果不放置半透鏡 Q，則可判斷光子路徑；如果放置半透鏡 Q，則無法判斷。現在惠勒提出一個巧妙的想法，即放置半透鏡 Q 的決定延遲做出，具體地說，讓半透鏡 Q 的放置時間在光子已經通過半透鏡 P 之後，但是它到達半透鏡 Q 還有點距離，它還在途中。惠勒這樣做的目的是，實驗者現在（放置半透鏡 Q）的選擇將決定光子過去（通過半透鏡 P 後）的行為。

結果：單個光子出發後，在它已經通過半透鏡 P，還沒有到達半透鏡 Q 之前，如果實驗者突然放置半透鏡 Q，那麼光子將同時沿兩條路徑運動，顯示出波動性。而如果實驗者不放置半透鏡 Q，那麼光子將只沿一條路徑運動，顯示出粒子性。

這個實驗結果實在是太匪夷所思了。由於在光子通過半透鏡 P 時，實驗者還沒有做出選擇，那麼光子通過後該怎麼走呢？！還有，光子過去的行為怎麼能由現在實驗者的選擇所決定呢？！過去不是已經發生了嗎？這不是邏輯矛盾嗎？這就導致了一個結果：我們現在的行為或者決定過去事情發生變化。也就是說，量子力學中的延遲選擇實驗打破了古典力學中的客觀因果關係，導致了因果關係的顛倒。這個實驗從另一個側面顯示量子力學的神祕性，再一次刷新我們的認知。

實驗的確很奇怪，那麼光子在其中究竟扮演了什麼角色呢？惠勒後來引用波耳的話：「任何一種基本量子現象只有在其被記錄之後，才是一種現象。」我們是在光子上路之前還是途中做出決定，這在量子實驗中是沒有區別的。歷史不是確定和實在的——除非它已經被記錄下來。更精確地說，光子在通過第一個透鏡到我們插入第二個透鏡這之間「到底」在哪裡，是什麼，是一個無意義的問題，我們沒有權利去談論它，它不是一個「客觀真實」！我們不能改變過去發生的事實，但我們可以延遲決定過去「應該」怎樣發生。因為直到我們決定怎樣觀測之前，「歷史」實際上還沒有在現實中發生過！惠勒用那幅著名的「龍圖」（見圖 3.8）來說明這一點：龍的頭和尾巴（輸入輸出）都是確定的清晰的，但它的身體（路徑）卻是一團迷霧，沒有人可以說清。

圖 3.8 惠勒的龍

在惠勒的構想提出 5 年後，馬里蘭大學的卡羅爾·阿雷（Carroll O.Alley）和其同事當真做了一個延遲選擇實驗，其結果證明，我們何時選擇光子的「模式」，這對於實驗結果是無影響的！

Chapter4
大自然的真實面貌是什麼

古典力學中隱含著三個基本思想：

1. 一個是運動是連續的思想，自然現象是連續的，一切物理量都是連續的；
2. 另一個是決定論的思想，什麼事情都可以確定，可以預言，可以做計畫；
3. 還有一個思想是物質的形態要不是粒子，就是波，二者是對立的、互斥的、不相容的一對概念。

古典力學的這些思想與我們日常生活形成的觀念是相符的。但是在微觀世界，人們發現以上三條都不成立，量子理論從實質上挑戰古典理論。

4.1 微觀物質的行為是不連續的，世界本質是量子化的

我們知道，物質是運動的，沒有不運動的物質，也沒有無物質的運動。太陽東昇西落，月亮圓了又缺，歡快的小鳥在樹林間啾啾鳴叫，蜿蜒的小溪在山谷裡潺潺流淌，整個自然都在跳運動之舞！實際上，如果不存在運動，一切都將不復存在。

然而，自然界物質運動的真實形式和規律是怎樣的呢？你可能會不假思索地回答：「運動顯然是連續的！」這是物質運動所給我們的最直接的感覺。比如說，兩個朋友幾天不

見了，偶然在街上碰見，彼此馬上就能認出來，打招呼。能認出來，似乎是當然的事。但細追究起來這又很怪。幾天之內，兩人的模樣變了沒有呢？當然變了。要是幾天之內不變，那幾年、幾十年也不會變，人怎麼能由小到大呢。既然變了，又為什麼能認出來呢？只能說，變化很小。變化小到什麼程度呢？時間越短，變得越小。如果你盯著一個嬰兒不停地看，你簡直不可能說他變了。但幾年之後，他確實明顯變大了。這種變化是逐漸地，不間斷地。

世界上的事物在不停地變化。但我們仍然知道甲是甲，乙是乙，這就是因為事物的變化大多是一點一點改變的，通常不會一下子突然變個樣。這給我們一個感覺：事物變化是連續的。

事物變化的連續性是我們的感覺。感覺不一定準確。但是，人們為什麼偏愛連續性？早在 19 世紀之前，從伽利略到牛頓，一致認為自然過程都是連續不間斷的。宇宙現在的狀態只取決於其緊連著的前一個狀態，現在把未來擁抱在懷中，自然無飛躍。根據連續性、平滑性的假設，牛頓發明了微積分，進一步奠定了連續性的數學基礎，使連續性原理更加深入人心。牛頓龐大的力學體系便建築在連續性這個地基之上，度過了百年的風雨。

正是人們接受古典科學的孜孜不倦的教誨，連續性概念才深深根植於人們的思想中。誠然，這是科學得以繼續的必然途徑，但它往往又阻礙新科學的發展。

正當人類進入 20 世紀之際，一次偉大的發現打破了人們的古典好夢，在那裡，非連續過程已經等候多時了！

1900 年，德國物理學家普朗克在研究黑體熱輻射過程中的能量變化時，非連續性第一次登上科學舞臺，他發現熱輻射的能量具有分立性，能量不是連續不斷的，而是一份份的，就像機關槍裡不斷射出的子彈。並且，能量值只能取某個最小能量單位的整數倍。量子就是能量的最小單位，一切能量的傳輸，都只能以量子為單位來進行。它可以傳輸一個量子，兩個量子，任意整數個量子，但卻不能傳輸 1/2 個量子。那個狀態是不允許的，正如你不能用人民幣支付 1/2 分錢一樣。

那麼，這個最小單位究竟是多少呢？從普朗克的黑體輻射公式可以容易地推算出答案：它等於一個常數乘以輻射頻率。用一個簡明公式來表示：

$$E = hv$$

其中，E 是單個量子的能量，v 是頻率，h 稱為普朗克常數。h 這個值，原來竟是構成整個宇宙最為重要的三個基本自然常數之一（另外兩個是萬有引力 G 和光速 c）。

能量只能以能量量子的倍數變化，即

$$E = hv, 2hv, 3hv, 4hv, \cdots\cdots$$

這是一個改變物理學面貌的發現！如果能量是不連續的，那麼時間、空間也就存在著不連續的可能（普朗克最小時間單元和長度單元分別為 10^{-43} 秒和 10^{-35} 公尺）。這就打破了一切自然現象無限連續的古典定論，玻恩說：「1900 年普朗克發表了他的輻射公式和能量子觀念，這就開始了一個新紀元、新格式。」

但是，當時沒有人願意接受量子化的假設，尤其是嚴肅的科學家。正如普朗克曾經說過一句關於科學真理的話：「一個新的科學真理取得勝利並不是透過讓它的反對者們信服並看到真理的光明，而是透過這些反對者們最終死去，熟悉它的新一代成長起來。」這一斷言被稱為普朗克科學定律，並廣為流傳。

五年之後，即 1905 年，蝸居在瑞士伯恩專利局的、一個留著一頭亂蓬蓬頭髮的、尚未出名的年輕人 —— 阿伯特·愛因斯坦，除了本職工作之外，對物理問題最感興趣，陷入沉思後，往往廢寢忘食。當閱讀了普朗克的那些早已被科學權威和其本人冷落到角落裡去的論文時，量子化的思想深深打動了他。憑著一種心靈感覺，他意識到，對於光來說，量子化也是一種必然的選擇。雖然神聖不可侵犯的馬克士威理論高高在上，但愛因斯坦叛逆一切，並沒有為之止步不前。相反，他倒是認為馬氏理論只能對於平均情況有效，而對於瞬間能量的發射、吸收等問題，馬克士威理論是和實驗相矛盾的。

愛因斯坦在研究光電效應時，發現光在空間傳播時的能量不是連續分布的，而是由一些數目有限的、侷限於空間中某個地點的光量子所組成的。這些光量子由一個個小的基本單位所組成，它們只能完整地吸收或發射。進一步地，利用普朗克的能量量子化公式，愛因斯坦還給出了光量子的能量 E 和動量 p 表達式，即 $E = h\nu$ 及 $p = h/\lambda$，透過這兩個公式把粒子與波連繫起來：粒子的能量和動量是透過波的頻率與波長來計算的，也就是說，愛因斯坦把光同時賦予粒子與波的屬性 —— 波粒二象性。

這裡的關鍵性假設就是：光以量子的形式吸收能量，沒有連續性，不需要累積。當光子射向金屬時，金屬中的自由電子吸收了一個光子的能量 $h\nu$，電子把這部分能量用作兩種用途：

一部分用來克服金屬對它的束縛，即消耗在逸出功 A 上，另一部分轉換為電子離開金屬表面的初始動能。

$$\frac{1}{2}mv^2$$

根據能量守恆定律，應有

$$h\nu = \frac{1}{2}mv^2 + A$$

這個方程式稱為光電效應方程式。從這個方程式可以看出，光電效應能否產生，主要由光子的頻率決定，電子獲得能量與光強無關，只與頻率有關。對於光電效應的瞬時性，愛因斯坦認為，當電子一次性地吸收了一個光子後，便獲得了光子的能量而立刻從金屬表面溢出，沒有明顯的時間滯後。用這個方程式圓滿地解釋了馬克士威電磁場理論所無法解釋的光電效應現象。

然而，愛因斯坦提出的光量子假設幾乎沒人相信。因為這一假設與傳統的自然過程連續性觀念是根本牴觸的，而連續性觀念已被幾乎所有的古典實驗所證實，並為人們廣泛接受。直到 1915 年，美國物理學家密立根（Robert Millikan）在實驗上精確證實了愛因斯坦的光電效應方程式，人們才相信光量子的存在。1920 年，美國化學家路易斯（Gilbert N.Lewis）將光量子正式命名為光子（Photon）。

愛因斯坦由於對光電效應定律的發現而獲得了 1921 年的諾貝爾物理獎，他晚年認為光量子概念是他一生中所提出的最具革命性的思想。

為了打開微觀世界的大門，20 世紀初，關於原子結構問題的研究引起物理學家的極大關注。一沙一世界，一花一天堂，原子內部是個縮小的宇宙嗎？ 1911 年，英國實驗物理學家拉塞福根據他的散射實驗結果提出了原子的行星模型。根據這一模型，原子由原子核和電子組成，電子在原子核外繞核轉動，正如行星繞太陽運轉一樣。但根據古典理論的預言，電子很快會輻射掉能量而落入原子核中，這樣的系統無法穩定存在，並最終導致體系的崩潰。換句話說，拉塞福原子壽命極短，然而實際原子是穩定的。

時勢選英雄，這時年輕的丹麥博士波耳出場了，他將普朗克的能量量子概念大膽地應用到拉塞福的原子模型中，出人意料地解決了原子系統穩定性問題。1913 年，波耳發表了論文《論原子結構和分子結構》，提出了新的原子圖像。根據這一圖像，電子只在一些具有特定能量的軌道上圍繞原子核做圓周運動，其間原子不發射也不吸收能量，這些軌道稱為定態。當電子處在某個定態的時候，原子就是穩定的，而不會出現崩潰問題了。電子從一定態躍遷到另一個定態時（見圖 4.1），原子才發射或吸收能量，而且發射和吸收的輻射頻率符合普朗克的能量量子化關係。也就是說，原子中的電子繞著某些特定的軌道以一定的頻率運行，而電子從一個軌道到另一個軌道，是直接跳躍過去的，而不能出現在兩個軌道之間，本質上是非連續的。每個電子軌道都代表一個特定能階，因此當這種躍遷發生的時候，電子就按照量子化的方式吸收或發射能量，其大小等於兩個軌道之間的能量差（$E_2 - E_1 = h\nu$）。

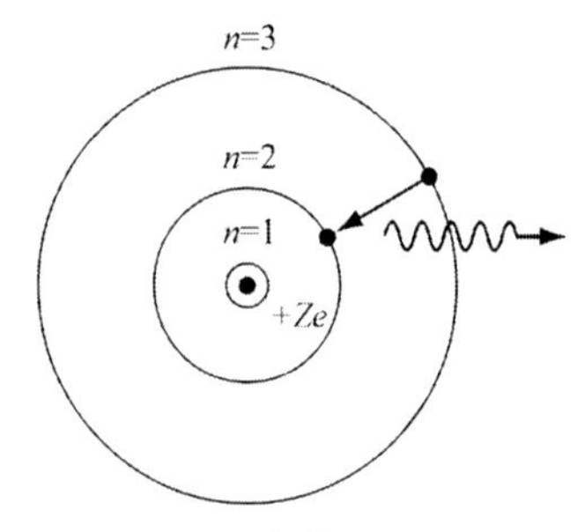

圖 4.1 定態與躍遷

波耳理論的核心是定態與躍遷概念。定態是原子唯一可以存在的狀態，在這些狀態中原子具有分立的能量，而躍遷是原子唯一可以進行的運動，它在定態之間進行躍遷，能量只能分立地改變。不僅能量的躍遷是一個量子化的行為，而且後來的實驗證實電子在空間中的運動方向同樣是不連續的。

波耳理論成功地詮釋了原子的穩定性和氫原子的光譜規律，從而大大擴展了量子概念的影響。雖然它還不完善，但一個量子化的原子模型體系第一次被建造起來，奠定了原子結構的量子理論基礎，而古典的原子結構理論終於退出歷史舞臺！

好了，「量子」已登上科學舞臺，成為區分微觀與宏觀、連續與非連續的一條界線，成為新物理學誕生的象徵。那麼，「量子」究竟顛覆了什麼？它顛覆的是自然現象的變化，是連續的世界觀。宇宙萬物都在進行著非連續性的量子運動，它們在不停地跳躍，這是多麼美妙的自然之舞啊！

4.2 微觀物質的行為是不確定的，只能進行機率上的預測

古典物質如大砲、「神九」，在某一時刻具有確定的位置，確定的軌道和確定的狀態，如果不確定，「神九」在太空如何對接？

微觀物質如電子、光子，它們在空間的位置是不確定的，是一種機率分布（見圖 4.2）。

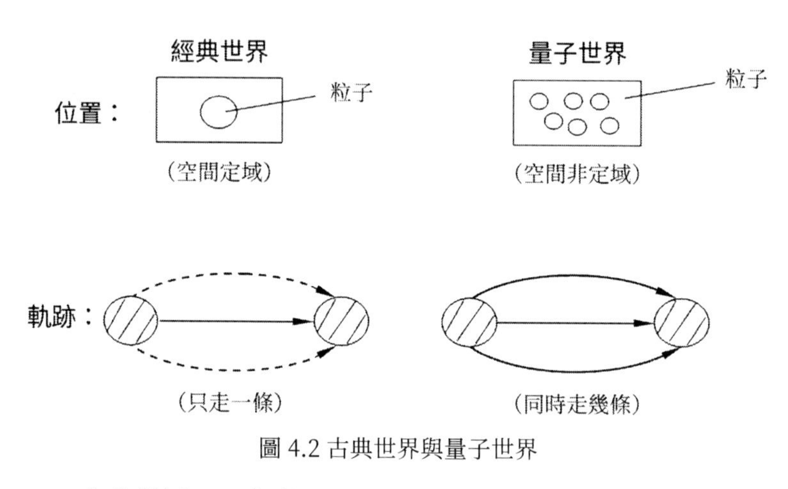

圖 4.2 古典世界與量子世界

- **古典世界**：兩個粒子分開了，二者就沒有什麼關係。
- **量子世界**：兩個粒子分開後還會關連（量子糾纏）。

何謂量子糾纏？

對於一對出發前有一定關係，但出發後完全失去連繫的

粒子，對其中一個粒子的測量可以瞬間影響到任意遠距離之外另一個粒子的屬性，即使二者間不存在任何連接。一個粒子對另一個粒子的影響速度竟然可以超過光速，愛因斯坦將其稱為「鬼魅般的超距作用」。

真的很神奇！兩個肉眼根本看不見的微觀粒子，在一定條件下，不用任何溝通工具，不用任何傳輸介質，無須架設電纜，無須發射電波，即使相距百萬光年，對方也能瞬間感知另一方的資訊並隨之產生相應變化，這就是被現代科學證實並應用到量子計算與量子通訊中的量子糾纏。

- **古典世界**：粒子在同一時刻只能夠處於一個位置，如你只能處在客廳裡或者處在房間裡。
- **量子世界**：粒子在同一時刻能夠同時處於幾個位置，如你既能在房間裡又能在客廳裡，處於一種疊加狀態。

何謂量子疊加？

生死、正反、上下、左右，這些截然相反的概念，在我們的日常生活中很難同時存在。比如你在路上遇到十字路口，要麼選擇向左走，要麼選擇向右走，不能同時作出兩個選擇。但是在量子力學中，這種相反的概念是可以同時存在的，這就是量子疊加。正因為量子疊加的存在，量子可以同時處理多個事件，而利用量子的這種特性可以極大地提升電腦的運算速度。

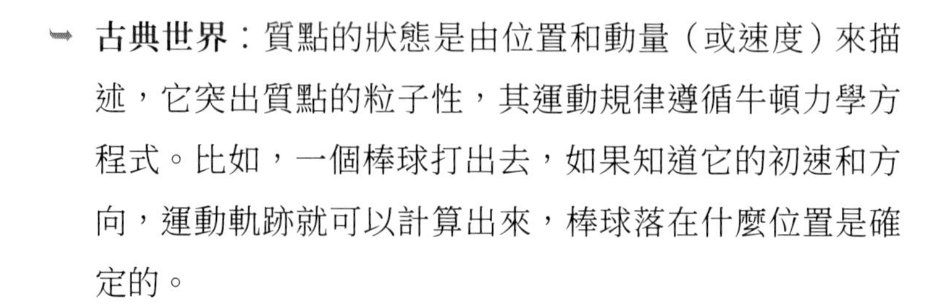

- **古典世界**：質點的狀態是由位置和動量（或速度）來描述，它突出質點的粒子性，其運動規律遵循牛頓力學方程式。比如，一個棒球打出去，如果知道它的初速和方向，運動軌跡就可以計算出來，棒球落在什麼位置是確定的。
- **量子世界**：粒子具有波粒二象性，粒子的位置和動量不能同時具有確定值，因而宏觀質點的描述方式不適於觀微粒子。

這時，微觀粒子的狀態要由薛丁格波動方程式來描述：

$$i\,\frac{h}{2\pi}\,\frac{\partial\psi}{\partial t}=H\psi$$

式中，i 為虛數符號，h 為普朗克常數，H 為哈密頓算符，ψ 為波函數。

在薛丁格方程式中，波函數 ψ 是空間和時間的函數 $\psi(r，t)$ 或 $\psi(x，y，z，t)$，並且是複值函數，而在古典力學中的聲波或電磁波的波動方程式中只包含實數，並沒有複數出現。因此聲波或電磁波比較容易描述，而且是可以看得見的，理解起來自然容易。而作為複數的波函數 ψ 所描述的波，如電子的波是看不見的，它到底是什麼性質的波，其真實面目充滿了神奇。這就需要對波函數 ψ 的物理意義作出解釋。

1926 年，德國物理學玻恩提出了波函數的統計解釋。他認為，物質波並不像經典波一樣代表實在的波動，只不過是指粒子在空間的出現符合統計規律：我們不能肯定粒子在某一時刻一定在什麼地方，我們只能給出這個粒子在某時某處出現的機率，因此物質波是機率波，物質波在某一地方的強度與在該處找到粒子的機率成正比。

這就是說波函數 ψ（r，t）的絕對值平方 $|\psi|^2$（這個數值一定是實數），它與在該位置發現電子的機率成比例，如圖 4.3 所示。如果電子在 A 點被發現的機率是 10%，電子在 B 點被發現的機率是 40%；而經過 C 點的波的振幅為零，這時，在 C 點發現電子的機率就是零。另外，經過 D 點的波的振幅和 A 點大小（絕對值）相同，所以二者的機率是完全相等的。這就是說，波函數在空間的任意一個點都具有一個值，這個數可以解釋為代表著在那一點發現電子的機率。

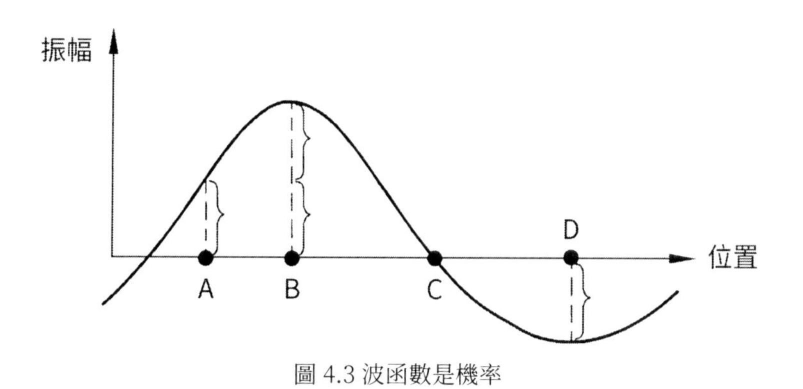

圖 4.3 波函數是機率

這樣一來，我們能否在「某個位置」發現電子，就受到經過該位置的波函數振幅的影響。ψ 的絕對值越大的位置，發現電子的機率就越大，波函數絕對值的平方必須是電子出現的機率密度。這被稱作「波函數的統計解釋」。玻恩說：「要不用這種統計觀點的話，輻射的粒子性和波動性之間的矛盾在物理學中是得不到解決的。」這個解釋很快成為物理學界公認的正統解釋，玻恩因此獲得 1954 年諾貝爾物理學獎。

波函數的統計解釋奠定了量子力學的理論基礎，它向人們展示了一個不確定的量子世界，在這個世界中代表機率的波函數主宰著一切。然而，波動力學的創立者薛丁格卻始終不能容忍量子力學的統計解釋。他總是希望能夠回到古典物理學上，因為他認為波動方程式是確定性的，跟隨機性無關。也許，正是由於具有確定性形式的薛丁格方程式一葉障目，他才未能看見不確定性的茂密森林。同樣，對量子論的創立作出過重大貢獻的愛因斯坦，也一直反對量子力學的統計解釋。1926 年他給玻恩的信中說：「我無論如何都相信，上帝不擲骰子。」

骰子是什麼東西？它應該出現在澳門和拉斯維加斯的賭場中。但是物理學？不，那不是它應該來的地方。骰子代表了投機，代表了不確定性，而物理學是一門最嚴格、最精密的科學。但是，當玻恩於 1926 年 7 月將統計引入了薛丁格的波動方程式之後，機率這一基本屬性被賦予量子力學，代表著一統天下的決定論在 20 世紀悲壯謝幕！

接著，1927 年德國物理學家海森堡提出了不確定性原理，或稱測不準原理，其中指出：「決定微觀粒子的運動有兩個參數：微觀粒子的位置及其速度。但是永遠也不可能在同一時間裡精確地測定這兩個參數；永遠也不可能在同一時間裡知道粒子在什麼位置，速度有多快和運動方向。如果要精確測定微粒在給定時刻的位置，那麼它的運動速度就遭到破壞，以致不可能重新找到該微粒。反之，如果要精確測定它的速度，那麼它的位置就完全模糊不清。」總之不能同時測準粒子的位置和動量，任何精密的儀器也不行。這就是著名的不確定性原理。海森堡還給出了測不準關係式：

$$\Delta x \Delta p_x \geq \frac{h}{4\pi}$$

式中，Δx 為粒子座標的不確定度（或位置測量誤差），Δp_x 為粒子動量在 x 份量的不確定度（或速測量誤差），h 為普朗克 h 常數。

測不準關係式告訴我們，微觀粒子的座標偏差和動量偏差的乘積永遠等於或大於常數 $h/4\pi$。也就是說，微觀粒子的座標和動量，不可能同時具有確定的值（Δx 和 Δp_x，不能同時為零）。

不確定性原理橫空出世，古典物理大廈又遭到了一輪重炮襲擊。玻恩說：「量子定律的發現宣告了嚴格決定論的結束。」波耳甚至認為：「大自然的一切規律都是統計性的，古典因果律只是統計規律的極限。」

總之，古典物理是一門最不能容忍不確定性的科學。是的，物理學家能知道過去；是的，物理學家能明白現在；是的，物理學家能了解未來。只要掌握牛頓定律，只要蒐集足夠多的數據，只要能夠處理足夠大的運算量，科學家就能如同上帝一般無所不知。整個宇宙就像一座精密的大鐘，「滴答、滴答」地響著，300 年來從未出過一點故障，這意味著宏觀世界的物質活動按照最穩定的秩序運行。

然而，在量子世界中，未來不只是唯一不變的。就像這一秒存在於這裡的電子，下一秒究竟存在於何處，只能進行機率上的判斷。也就是說，電子在下一秒以後既可能在這裡，也可能在那裡。實際上電子究竟出現在那裡，只能像擲骰子那樣被決定。微觀物質的未來沒有絕對性，未來只能進行機率上的預測。

4.3 微觀物質的行為要用波來描述，呈現波粒二象性

物理學經歷了四次革命：力學革命、電磁革命、相對論革命和量子革命。在力學革命中，牛頓統一了兩個毫不相干的自然現象：天上行星的位移和地面蘋果的墜落，提出了萬有引力定律。在宇宙中，萬有引力連結了茫茫宇宙的各種物體，並且使它們按照嚴格的數學方程式運動、變化和發展。牛頓提出一個新的物質觀：世界萬物都是由粒子組成的，其運動規律滿足牛頓動力學方程式。

在電磁革命中，馬克士威把電、磁和光三種物理現象統一起來，創立了馬克士威方程組，它的光輝照亮了整個電磁世界。因為電磁波的波速與光速很接近，他認為光是一定頻率範圍的電磁波。因此，確立了波是另一種類型的物質形態。

在相對論革命中，時間和空間已經失去它的獨立性，愛因斯坦提出引力作用來源於時空的扭曲，他發現了第二種形態的波 —— 重力波。重力波就是時空扭曲的波動，它要用愛因斯坦方程式來描述。

總之，自近代牛頓力學建立以來，一般認為，自然界存在著兩種不同的物質。一類物質是可以定域於空間一個小區域中的實物粒子，其運動狀態可以由座標和動量描述，運動

規律遵從牛頓力學原理。另一類物質是瀰散於整個空間中的輻射場，其運動規律遵從馬克士威方程組。

無論是牛頓方程式、馬克士威方程組還是愛因斯坦方程式都是拉普拉斯決定論的，即給出系統的初始狀態，透過解動力學方程式，就可唯一地決定系統未來任何時刻的運動狀態。兩種形態的物質：粒子和波都遵從近距作用，即相互作用的傳遞不超過光速。

1900 年，普朗克發現了量子，從此量子這個幽靈開始在世界上空遊蕩，揭開了量子革命的序幕！ 1905 年，愛因斯坦從普朗克的量子那裡出發，提出了光的波粒二象性概念，即光既有波動性又有粒子性，這才是光的本性。

1924 年，法國一個學文科的半路出家投身物理的年輕人 —— 德布羅意，在其博士論文中提出，微觀粒子和光一樣也具有波粒二象性。例如，電子，人們都知道它是一個粒子，然而，在德布羅意看來，電子不但是粒子也是波。他提出具有能量 E 和動量 p 的實物粒子，也都具有波動性，並由以下公式導出粒子動量 p 與波長 λ 的關係：

- 光速 $\boldsymbol{C} = \lambda v$
- 能量 $\boldsymbol{E} = \mathrm{h}\nu = \mathrm{mc}^2$
- 動量 $p = mc = \boldsymbol{E}/c$

由此得到 $\lambda = h/p$，這就是著名的德布羅意關係式。由此可見，當 p 小時，λ 就大，波動性顯著，粒子性不顯著；

當 p 大時，λ 就小，粒子性顯著，波動性不顯著。在微觀世界中，粒子動量 p 小，波動性就會顯示出來，所以，德布羅意預言電子在運行時，伴隨著一個波，這種波被稱為物質波（見圖 4.4）。

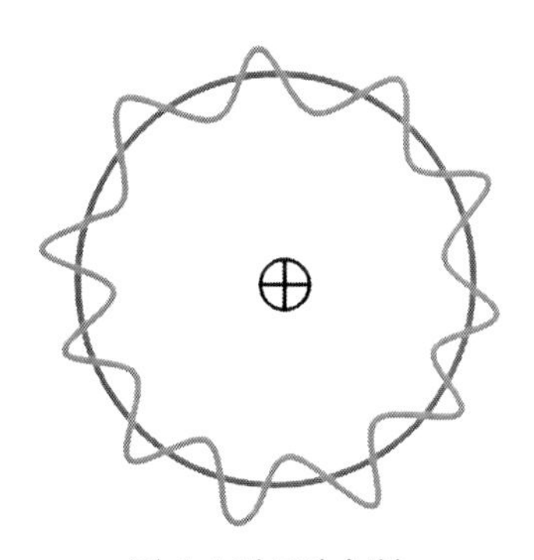

圖 4.4 電子也似波

電子、原子、分子都是粒子，這是人們都承認的。德布羅意說所有物質粒子都具有波動性，這一觀點立即引起包括愛因斯坦在內的物理學家的關注。1925 年，美國物理學家戴維孫和革末（L.H.Germer）透過實驗精確證明了電子的波動性。後來，更多的實驗接踵而來，進一步證明了不僅限於電子，而且中子、原子、分子等都具有波動性。德布羅意的預言和他本人一樣在物理史上流芳百世。

德布羅意將光的波粒二象性推廣到所有實物粒子，這就揭示出所有物質都具有一種新的普適本性 —— 波粒二象性。也就是說，世界真實物質只有一種形態：波粒形態。難道籃球、汽車、電腦、人……都有波粒二象性？是的，都有，只是我們宏觀物質的波長實在太小了，小到我們永遠也不會觀察到自身的波動性。看看下面的粒子，簡單算算就知道。

- 電子，質量 9.11×10^{-28}g，運動速度 10^{6}m/s，波長 7×10^{-10}m。
- 沙子，質量 0.01g，運動速度 1m/s，波長 7×10^{-20}m。
- 石子，質量 100g，運動速度 10m/s，波長 7×10^{-34}m。

總之，物體的質量越大，運動速度越大，那麼波長就越短，越難觀察到波動性。所幸如此，我們走路才能穩穩當當地前進，而不是像醉漢一樣搖搖晃晃找不到路。即使所有物體都有波粒二象性，但超過一定限度，其波動性就由於波長過短而無法顯示出來了，於是，就有了我們熟悉的古典世界。

人們會問，實物粒子雖然有波粒二象性，但它們的波長那麼短，能有什麼作用呢？你可千萬別小瞧它，波長越短越有用，比如使用德布羅意波的透射電子顯微鏡，放大倍數可達到上百萬倍，為我們打開了微觀世界大門。

量子論的三大核心思想告訴我們：它的每一條理論都具有顛覆性，宏觀世界根深蒂固的確定性、連續性和定域性均被打破，物理學在這裡再一次被推向巔峰，登上宇宙的極頂。極目眺望，眾山皆小！

Chapter5
琴簫合奏——EPR與量子貓

5.1 兩個基本概念

5.1.1 定域性與非定域性

定域性又稱局域性。1935 年愛因斯坦等人給出了定域性假設：「由於在測量時兩個體系不再相互作用，那麼，對第一個體系所能做的無論什麼事，其結果都不會使第二個體系發生任何實在的變化。這當然只不過是兩個體系之間不存在相互作用這個意義的一種表述而已。」這就是說，如果兩個體系沒有相互作用，其中一個體系發生的任何變化不會導致另一個體系發生變化。

也就是說，定域性是指一個物體若要改變自身的運動狀態，要麼需要受到另一個物體的作用，要麼在諸如電場、磁場、重力場中受到力的作用而發生移動，而所有這些相互作用的傳遞速度都不能比光速快。

定域性的英文是 locality，其詞意是：在空間中占有一定位置的事實或性質。非定域性由前綴 non 與 locality 構成 nonlocality。從詞義來看，非定域性表示與定域性的「非」、「不」、「無」的這樣一種性質，即是說，非定域性應作定域性的否定性理解。非定域性表示沒有定域性的那樣一種性質。

相對論的巨大成功讓人相信，定域性是一切物質相互作用應遵守的法則，任何物理效應包括資訊傳遞都不可能以大於光速的速度傳遞。然而量子力學讓人頗感意外。1964 年，貝爾提出了檢驗定域性的方法 —— 貝爾不等式。貝爾指出所有定域性理論都有一個界限，即貝爾不等式，而一系列實驗表明量子力學可以突破這個界限，大自然是允許這種非定域關連的。與定域性相悖，量子世界是非定域性的。簡單地說，量子的非定域性是指，屬於一個系統中的兩個物體（在物理模型中稱為粒子），如果你把它們分開了，有一個粒子甲在這裡，另一個粒子乙在非常遙遠的地方。如果你對任何一個粒子（假設粒子甲）擾動，那麼瞬間粒子乙就能知道，並作出相應的反應。這種反應是瞬時的，超越了我們的四維時空（在普通三維空間的長、寬、高三條軸外又加了一條時間軸），是非定域性的。

5.1.2
物理實在

物理學研究物質世界，必須認識客觀世界的實在性。那麼什麼是「實在」呢？最質樸的含義就是實實在在，是真實的，不是虛假的，與人的主觀意識無關的。或者說，「實在」就是它本來的那個樣子，人的意識不能把它想怎樣就怎樣，但是意識可以反映它。

在我們頭腦中，客觀世界的定域性和實在性是根深蒂固的，定域性是指某個時刻一個物體的位置是明確的；實在性是指客觀世界不依賴於人的意識而獨立存在。然而量子力學的結論是驚世駭俗的。波耳認為，在量子世界中，所謂的定域性是不存在；而實在性，從物理學角度也是無法確定的。按照哥本哈根學派的解釋，不存在一個客觀的、絕對的世界。唯一存在的，就是我們能夠觀測到的世界。測量是新物理學的核心，測量行為創造了整個世界，這種理論是大多數人所不願接受的。我們一般會毫不猶豫地認為這個世界是實實在在存在的，眼前的電腦，屋外的果樹、鮮花，一切的一切，都是實實在在地待在那兒，並不會因為我們注意不到就不存在。為保衛古典世界的實在性，一些科學家不遺餘力地提出關於量子力學的不同解釋。其中由愛因斯坦等提出的隱變數理論（Hidden variable theory）認為，我們不清楚粒子的行為是因為暫時還沒有找到隱藏的變數，粒子其實和乒乓球一樣是經典存在的。然而，理論必須由實踐來檢驗。後來，貝爾不等式的實驗結果，不支持隱變數理論。比如，2000年，潘建偉、Bouwmeester、Daniell 等人在《自然》雜誌上報導，他們的實驗結果再次否決了定域的隱變數理論。

5.2 EPR 悖論

1935 年，愛因斯坦（Einstein）、波都斯基（Podolsky）和羅森（Rosen）三人（簡稱 EPR）在《物理評論》發表《量子力學對物理實在的描述可能是完備的嗎？》一文，以質疑量子力學的完備性。概括起來就是量子理論應該同時滿足：

- 定域性的，也就是沒有超過光速信號的傳播。
- 實在性的，也就是說，存在一個獨立於我們觀察的外部世界。

在這篇文章中，愛因斯坦設想了一個涉及兩個粒子的思想實驗。在實驗中，兩個粒子經過短暫的相互作用後分離開，這一相互作用產生了兩個粒子之間的位置關連和動量關連。然後愛因斯坦論證道，由於透過對粒子 1 的位置測量可以知道粒子 2 的位置，而根據相對論的定域性假設，這一測量不會立即影響粒子 2 的狀態，從而粒子 2 的位置在測量之前是確定的。同理，粒子的動量在測量之前也是確定的。於是，粒子 2 的位置和動量在測量之前都具有確定的值。而一個完備的理論應同時給出粒子 2 在測量之前的位置和動量值，但量子力學只能給出關於這些值的統計資訊，因此，量子力學是不完備的。後來，薛丁格把兩個粒子的這種狀態命名為「糾纏態」。EPR 悖論（EPR Paradox）描述的量子糾纏，是一種從未被世人觀察到的現象。簡單來說，根據量子力學的描述，可以存在這樣一對神奇的粒子，即誕生時具有一定關係，但分開後完全失去連繫的兩個粒子，對其中一個粒子測量就可以瞬間影響另一個粒子的屬性，即使兩個粒子相隔天涯海角。也就是說，一個粒子竟然可以以超光速影響另一個粒子！這對於相對論的發明者愛因斯坦來說，是絕對不可能的。

EPR 論文立即引起波耳的關注與不安。他馬上放下手頭的其他工作來全神貫注地應對愛因斯坦的挑戰。

同年 10 月，波耳在《物理學評論》上發表了一篇與 EPR 同名的文章，以反駁愛因斯坦等人的觀點。波耳既不同意愛因斯坦關於物理實在的樸實看法，也不贊同他的定域性假設。波耳堅持認為，一個物理量只有在被測量之後才是實在的。同時他還指出，在 EPR 思想實驗中，當兩個粒子分離開之後，對一個粒子的測量仍將對另一個粒子的狀態產生影響，量子糾纏是存在的。最後，波耳下結論說：「量子力學是一個和諧的數學形式體系，它的預測與微觀領域的實驗結果符合得很好。既然一個物理理論的預測都能夠被實驗所證實，而且實驗又不能得出比理論更多的東西，那麼，我們還有什麼理由對這個理論提出更高的完備性要求呢？因此，從它自身邏輯的相容性以及與經驗符合的程度來看，量子力學是完備的。」

然而，對於波耳所宣揚的「一個物理量只有當它被測量之後才是實在的」觀點，愛因斯坦無論如何也不能同意，他回敬道：「難道月亮只有在我看它時才存在嗎？」二位大師對量子力學的完備性問題爭論多年而沒有結果，最終因他們的離去而成為歷史的懸案。

需要指出，關於量子力學的爭論還在延續。物理世界是確定的還是不確定的？是解析的還是數據的？是統一的還是分裂的？是唯一的還是多樣的？是終極的還是不斷發展的？這些問題也許沒有最終答案，但在每一個物理學家的心目中都有一份自己的堅守、自己的理想和自己的信仰。

5.3 薛丁格的「貓」

受 EPR 文章的啟發，1935 年，薛丁格在德國《自然科學》上發表了題為「量子力學目前形勢」的文章，從另一個角度表達了對量子力學正統觀點的不滿。

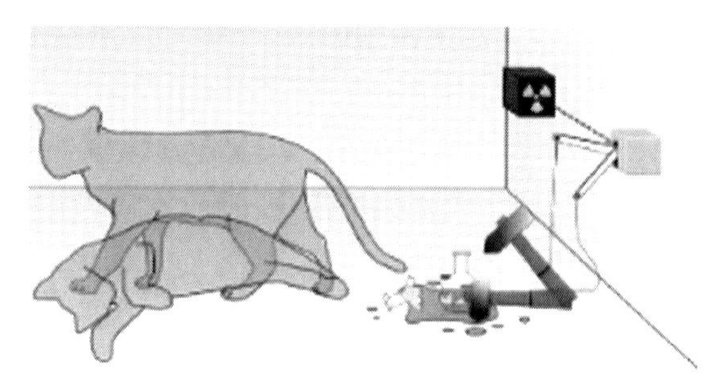

圖 5.1 薛丁格貓實驗

文中提出一個薛丁格貓的思想實驗，大意是，在一個封閉的箱子裡，放上一隻貓，箱子裡面用蓋革計數器（Geiger counter）一端連著一個盛有劇毒氰化物的封閉玻璃瓶，另一端連著盛有美味食物的瓶子。蓋革計數器管中有一小塊輻射物質，非常小，在一小時內只有一個原子衰變。當一個原子衰變，就會透過蓋革主機觸發小錘，或者使含劇毒玻璃瓶破裂，必定毒死貓；或者使食物玻璃瓶破裂，貓就是活的。按照古典世界規則，一小時結束時，貓不是死就是活，二者必居其一。

這個實驗令人困惑的地方在於，根據量子力學，箱內整個系統將處於兩種狀態的疊加態，在一種狀態中貓是活的，在另一種狀態中貓是死的。或者說，箱中的貓處於奇怪的活與死的疊加態。然而，根據人們的日常經驗，箱中的貓要麼活著，要麼死了，兩者必居其一。這的確是一個讓人尷尬和難以想像的問題。連霍金也曾說過：「當我聽說薛丁格的貓的時候，我就跑去拿槍。」

在宏觀世界裡，貓怎麼可能處於既生又死的狀態，薛丁格認為這非常好地反駁了哥本哈根派關於量子疊加態詮釋的荒謬。但正統一派並不在意，因為他們只關心實驗觀測，對於沒有觀測時的貓的狀態不感興趣。並且認為在觀測之前，人們不能確切地知道貓的狀態，中國古代文學家王陽明在《傳習錄·下》中說過一句有名的話：「你未看此花時，此花與汝同歸於寂；你來看此花時，則此花顏色一時明白起來……」如果王陽明懂得量子理論，他多半會說：「你未觀測此花時，此花並未實在地存在，按波函數而歸於寂；你來觀測此花時，則此花波函數發生塌縮，它的顏色一時變成明白的實在……」測量即是理，測量外無理。可見，量子力學的確引進一種嶄新的思想。

「薛丁格的貓」是科學史上著名的怪異形象之一，現在成了舉世皆知的明星，常常出現在劇本、漫畫和音樂之中，它最著名的一次大概是被「驚懼之淚」（Tears for Fears），這個在 1980 年代紅極一時的樂隊作為一首歌的歌名演唱，歌詞是「薛丁格的貓死在這個世界」。

Chapter6
量子的迷人風采

物理科學永遠處於進化之中，沒有終極版，只有現代版。在物理學進化的歷史上，先有古典力學，後有量子力學。在量子力學創立之前，許多的物理現象都已經被古典力學研究過了。例如，月球如何繞地球運動；地球又如何繞太陽運動；高爾夫球在猛烈打擊之後如何在空中飛躍，在輕輕撥動之後又如何沿著地面滾動；等等。所有這些問題，只要知道物體的初始條件和受力情況，古典力學都可以計算其運動軌跡，預言其最終狀態。但是，從 20 世紀初開始，物理學家發現，在研究微觀粒子的時候，古典力學就無法得到正確的結果。讀者將會發現，在微觀尺度上的許多物理現象完全違背人們的日常生活常識，湧現出許多奇妙的特性。正如著名的物理學家費曼所說：「一切人類的直接經驗和直覺只適用於宏觀物體。」

量子粒子不同於古典粒子，其特性可歸結如下幾個方面。

6.1 微觀粒子的波粒二象性

在東方文化中，佛家把能看見的世界叫色，就是指粒子態；看不見的世界叫空，就是波態。

道家把能看見的世界叫物，這是粒子；把看不見的世界叫道，這是波。

但是，在日常生活中，人們沒有看到一個東西，它既是粒子又是波。粒子可以分成一個一個的最小單位，波是連續的能量分布；粒子是直線前進的，波卻能向四面八方發射；粒子可以靜止在一個固定的位置上，波必須動態地在整個空間傳播。粒子和波是兩種截然不同的東西，它們不可能統一到一個物理客體上。

光，我們每時每刻都在和它打交道。正因為有光的存在，我們才能看到多彩多姿的世界；正因為有光的存在，地球上的生命才能世代繁衍；也正因為有光的存在，我們才能探索宇宙。於是，人們一直懷著極大的興趣來研究光的性質。光究竟是一種什麼東西呢？早在 17 世紀就有兩種可能的假設：粒子說和波動說。從此，物理學上便開始了一場粒子說和波動說的大爭論，一爭就是一個世紀。

西元 1672 年，牛頓做了著名的三稜鏡分光實驗，他發現當一束白光通過三稜鏡後，就會形成一條含有各種顏色的彩虹，稱為光譜。牛頓提出了光的微粒說：「光是一群難以想像的細微而迅速運動的大小不同的粒子。」這些粒子被發光體「一個接一個地發射出來。」如同你打開手電筒時，無數光子就像出了膛的子彈一樣，筆直地射向遠方。牛頓認為光是一種粒子。

同時代的虎克、惠更斯則認為光是一種振動波，沒有物質性，以波的形式向四周傳播，就像往河裡丟了一顆石頭產生水波一樣，光也是一種波。

波動說也曾占據上風！但由於牛頓是舉世矚目的偉大科

學家，他具有無與倫比的學術地位，所以粒子說更容易被人接受。西元 1764 年牛頓出版了巨著《光學》，從粒子的角度對光的各種性質作了解釋，從此他的粒子說無人敢挑戰。在以後的一個多世紀內粒子說的大旗高高飄揚，而波動說則漸漸為人們淡忘。

一百多年過去了，西元 1801 年英國科學家湯瑪士·楊格橫空出世，向牛頓發起挑戰。在一個月黑風高的夜晚，楊格點燃一支蠟燭進行了光的干涉實驗。他讓光通過兩個彼此靠近的針孔投射到螢幕上，結果出現了一系列明暗交替的條紋，這就是讓歷史永遠銘記的干涉條紋（波動性的典型特徵）。後來，他又把兩個針孔改成雙狹縫，在物理實驗中首次引入雙狹縫的概念，這就成為名揚四海的楊氏雙狹縫實驗。實驗結果震驚了整個粒子學派，縱使牛頓的絕對權威也不得不發生動搖。

西元 1861 年，英國物理學家馬克士威建立了著名的電磁場方程組。從這個方程組出發，馬克士威預言了電磁波的存在。由於電磁波的傳播速度和光速十分接近，他提出光是一種電磁波。到西元 1888 年，德國物理學家赫茲證實了電磁波的存在。接著，他又證明了電磁波與光一樣具有干涉、繞射、偏振等性質，最終確立了光的電磁波理論。這是光的波動說的新形式，是人類認識光的本性方面的一個大的飛躍。至此，光的波動說達到了光輝頂點，終於成為一個確定的事實，而粒子說似乎無法翻身了。

從此，光的波動說開始被人們廣泛認可，終於占據了統治地位。那麼，光的本性就是波動嗎？不，一切遠遠沒有結束。

西元 1888 年，赫茲在實驗中意外地發現，當光照到金屬表面上會打出電子，這種現象叫光電效應。1900 年，德國物理學家勒納 (Lerner) 發現了光電效應的重要性質：光電子的數目隨光的強度而增加，可是光電子的動能只與光的頻率有關，與光的強度無關。這個實驗事實與光的波動理論相矛盾，光的波動說不能解釋光電效應。如何解釋光電效應呢？科學家們顯得一頭霧水。無巧不成書，科學史上一位最天才的傳奇人物恰恰生活在那個時代。

1905 年，愛因斯坦發展了普朗克的量子假說，提出了光量子的概念。他認為光是不連續的粒子，一束光是一粒一粒以光速運動的粒子流。這些粒子叫做光量子，簡稱光子。光子的能量 $E = hv$，式中 h 為普朗克常數，v 為光的頻率。因為每個光子的能量都是固定的 hv，那麼光照射到金屬表面，金屬所受到的打擊主要取決於單個光子的能量而不是光的強度。光是否能夠從金屬表面打擊出來電子，只和光的能量（或頻率）有關，而和光的強度無關。光的強度只決定電子的數目而已。利用光量子的概念成功地解釋了光電效應，讓光的粒子性再次凸顯出來，這不是牛頓粒子說的還魂嗎？愛因斯坦似乎又把光的理論從波動說帶回到粒子說，迫使科學家重新考慮光的本性。

綜上所述，對於光的研究，科學發現，一方面存在著干涉、繞射、偏振等現象，這些現象說明光是波；另一方面又存著光電效應、黑體輻射，這些現象表明光是粒子。那麼，光究竟是波，還是粒子呢？這就使物理學家處於十分困難的境地。為了克服這個困難，愛因斯坦於 1909 年 9 月在德國自然科學家協會第 81 次大會上說：「理論物理學發展的後一個階段，將給我們帶來這樣一種光學理論，它可以認為是光的波動性和發射性的某種綜合。對這種見解作出論證，並且指出深刻地改變我們關於光的本質和組成的觀點，是不可避免的。」在這裡，愛因斯坦提出了光的波粒二象性的概念，即光既有波動性又有粒子性，這才是光的本性。

1916 年，愛因斯坦在《關於輻射的量子論述》論文中，巧妙地將代表粒子性的光子能量公式 $E = hv$ 和代表波動性的光子動量公式 $p = h/\lambda$ 連繫起來，實現了粒子性和波動性這兩種表現形式的統一。可見，愛因斯坦的光子理論並不是以往光的粒子說和光的波動說的簡單結合，而是一個偉大的新發現。

縱觀 300 多年光的「波粒之爭」，可以看出：「粒子說」的困難關鍵在於解釋不了光的雙狹縫干涉、繞射等現象；「波動說」的困難關鍵在於解釋不了光的直射、光電效應等現象。直到光的「波粒二象性」的發現才里程碑式地結束了這場爭論。

對於一種物質來說，本質是唯一的嗎？可不可以有兩個本質？顯然是可以的。前面我們說到光有兩個本質，光既有波動性又有粒子性，具有波粒二象性。1924 年，法國物理學家德布羅意受愛因斯坦思維方式的啟迪，認識到愛因斯坦光的波粒二象性乃是遍及整個物理世界的一種絕對普遍現象，並勇敢地發展了愛因斯坦的思想，提出了一個更加大膽的思想：正像光具有波粒二象性一樣，一切微觀粒子（如電子、質子、中子、光子等）也具有波粒二象性，例如電子，人們知道它是一個粒子，然而，在德布羅意看來，電子不但是粒子也是波。在他的博士論文中，假設具有能量 E 和動量 p 的實物粒子，也都具有波動性，其頻率、波長分別由下式給出：

$$\nu = \frac{E}{h} \quad \lambda = \frac{h}{p}$$

或

$$p = \frac{h}{\lambda} \quad E = h\nu$$

式中，E、p 為描述粒子性的物理量；ν、λ 為描述波動性的物理量。

實物粒子既可以用能量 E 和動量 p 來描述，又可以用波

長 λ 和頻率 v 來描述。德布羅意用這兩個關係式揭示了實物粒子既可以有連續的波動性，也可以有非連續的粒子性。在這裡，德布羅意提出的問題，已經不再僅僅是光子、電子是粒子還是波，而是整個物質世界到底是粒子還是波。

在古典力學中，粒子性和波動性是不可能統一到一個物理客體上的，它們是互斥的、對立的和不相容的一對概念，兩者不能形成統一的圖像。可是，在微觀世界中，波粒二象性是一切實物粒子的本質特徵，是量子理論的靈魂。

6.2 量子態疊加性

如果 ψ_1 和 ψ_2 是體系的可能狀態，那麼它們的線性疊加 $\psi = C_1\psi_1+C_2\psi_2$（$C_1$，$C_2$ 是複數）也是體系的一個可能狀態，並且這種疊加可以推廣到很多態。當粒子處於態 ψ_1 和態 ψ_2 的線性疊加態 ψ 時，粒子是既處在態 ψ_1，又處在態 ψ_2。

在量子力學中，波函數 ψ 被用來描述一個物理體系的狀態，粒子處於波函數定義的所有狀態的疊加態。也就是說，它既在這裡，又在那裡，也可以說哪裡都不在，只存在於波函數的方程式裡。只有對該粒子的具體狀態進行測量時，波函數的疊加態突然結束，坍塌到某個特定值，我們才能知道該粒子究竟處於什麼狀態。量子力學神奇之處在於：你不對粒子進行觀測，它就處於疊加態；你一觀測，它的這種疊加態就崩潰了，塌縮到一個唯一狀態。

推廣到更一般情況，當 ψ_1，ψ_2，⋯，ψ_n 是體系的可能狀態時，它們的線性疊加：

$$\psi = C_1\psi_1 + C_2\psi_2 + \cdots + C_n\psi_n = \sum_{i=1}^{n} C_n\psi_n \qquad (1)$$

也是體系的一個可能狀態，其中 C_1，C_2，⋯，C_n 為複常數。

當 $n = 2$ 時，由式 (1) 得到

$$\begin{aligned} |\psi|^2 &= |C_1\psi_1 + C_2\psi_2|^2 \\ &= |C_1\psi_1|^2 + |C_2\psi_2|^2 + \\ &\quad C_1^* C_2 \psi_1^* \psi_2 + C_1 C_2^* \psi_1 \psi_2^* \end{aligned} \qquad (2)$$

顯然，$|\psi|^2 \neq |C_1\psi_1|^2+|C_2\psi_2|^2$，也就是體系在 ψ 態的機率密度不等於體系在 ψ_1 處的機率密度 $|C_1\psi_1|^2$ 和體系在 ψ_2 處的機率密度 $|C_2\psi_2|^2$ 之和，在式 (2) 中還有干涉項 $C_1^*C_2\psi_1^*\psi_2+C_1C_2^*\psi_1\psi_2^*$。因此，量子疊加必然導致微觀粒子（電子、光子等）的波動特性。量子疊加是微觀粒子波動性的起源，具有豐富的物理內涵。

從量子疊加性可以看出量子力學不同於古典力學之處：

(1) 量子態疊加可以擴展為幾個甚至很多個態。而且疊加是線性的。量子態疊加表明微觀粒子體系是線性系統，它

所遵循的運動方程是線性方程式。量子態疊加性與經典波的疊加性在加減形式上完全相同，但是實質完全不同。兩個相同態的疊加在古典力學中代表著一個新的態，而在量子力學中則表示同一個態。

(2) 量子力學提出了波函數的概念。古典力學沒有波函數的概念，它描述粒子狀態的物理量都是可以直接觀測的量，如粒子的位置和動量。在日常生活中人們也習慣於古典力學的描述。而在量子力學中，對粒子狀態的描述是用不可觀測量 —— 波函數，它是一種機率波。波函數既不描述粒子的形狀，也不描述粒子的運動軌道，它只給出粒子在某處出現的機率。波函數概念的形成正是量子力學完全擺脫古典的觀念，走向成熟的象徵。

(3) 量子力學對「測量」作出了自己特有的解釋。對物理量（如粒子位置）進行測量的作用是把瀰散在空間各處的波函數「塌縮」，從而得到確定的結果。測量是量子從疊加態轉變為本徵態的唯一手段。在古典力學中，因為宏觀物體只能顯示粒子性，它的波動性根本顯示不出來，所以宏觀物體構成了一種物理實在，與你觀測無關。而微觀粒子卻有粒子和波動兩種屬性，在這種情況下，你的觀察就會造成決定性作用了。

(4) 在古典力學中，任何過程的傳播都不能超過光速。但在量子力學中，測量之前波函數瀰散在空間各處，測量後波函數只存在於某個特定的位置，這個「塌縮」過程是「瞬時」發生的，它可能超過光速嗎？愛因斯坦認為這種瞬間的波函數塌縮存在一種超距作用，其資訊傳遞是超光速的，是違背相對論的。愛因斯坦把這種指責最後提煉為一個成為 EPR 悖論的思想實驗。

量子力學中的粒子狀態可以疊加存在的觀點，已被越來越多的物理實驗（如電子的雙狹縫干涉實驗）所證實，這是微觀世界中最重要的性質，也是量子論的核心內容。

量子態可以疊加，因此量子資訊也是可以疊加的。也就是說，1 個比特的量子資訊既可以處於 $|0\rangle$ 態，又可以處於 $|1\rangle$ 態，而且可以處於 $|0\rangle$ 和 $|1\rangle$ 的疊加態：

$$|\psi\rangle = a|0\rangle + b|1\rangle$$

式中，a 和 b 是複係數，且歸一化後 $|a|^2+|b|^2 = 1$。

這裡，$|a|^2$ 是對量子態 $|\psi\rangle$ 進行測量得到 $|0\rangle$ 態的機率，同樣 $|b|^2$ 是對量子態 $|\psi\rangle$ 進行測量得到 $|1\rangle$ 態的機率。我們假設兩種機率相等（$a = b$），因機率之和總是等於 1，所以每個量子態的係數是 $\frac{1}{\sqrt{2}}$ 即

$$|\psi\rangle = \frac{1}{\sqrt{2}}(|0\rangle + |1\rangle)$$

這個式子表示微觀粒子必須同時處在 $|0\rangle$ 和 $|1\rangle$ 兩個量子態的疊加中，粒子沒有一個確定的位置，它同時在這裡又在那裡！

1 個古典位元資訊只能表示 0 或 1 這一狀態，就像一枚硬幣，要麼是正面，要麼是反面。而 1 個量子位元資訊可以同時表示 2 個狀態，2 個量子位元就是 4 個，3 個量子位元就是 8 個……隨著量子位元的增加，量子系統所能包含的資訊會呈指數方式增加，這是非常驚人的。對於奇妙的量子疊加性，我們形象地講，粒子可以同時處於兩個不同的位置；可以同時通過雙狹縫；可以同時做不同的事情；也可以一邊工作，一邊休息。那麼，這種同時性或並行性又有什麼用途呢？大家一定會想到：用於並行計算。多位元的量子疊加就成為量子電腦實現並行計算的重要基礎。如果把傳統的串行電腦比作一種單一樂器，那麼並行計算的量子電腦就像一個交響樂團。高效率的量子電腦，可以用來探索前人從沒有抵達過的量子祕境。

6.3 量子穿隧效應

民間傳說中，有一位會穿牆術的嶗山道士，他能夠輕易穿過厚厚的牆壁而毫髮無損。由於量子的存在，這一傳說在微觀世界中卻成為了現實，在那裡每個粒子都是精通「穿牆術」的小嶗山道士。

在古典力學中，一個高爾夫球被打擊後能否越過土堆，有兩種可能的運動路徑：越過土堆或原路返回，這取決於球員的打擊力度（見圖 6.1）。打擊力度不夠大，球會在到達土堆的頂點之前的某一個高度停止，然後沿原路返回。如果打擊的力度足夠大，球獲得較大初始動能，就會越過土堆，滾向前方，最後落入球洞。在物理上，我們把凸出地面的土堆稱為勢壘，把小球稱為粒子。

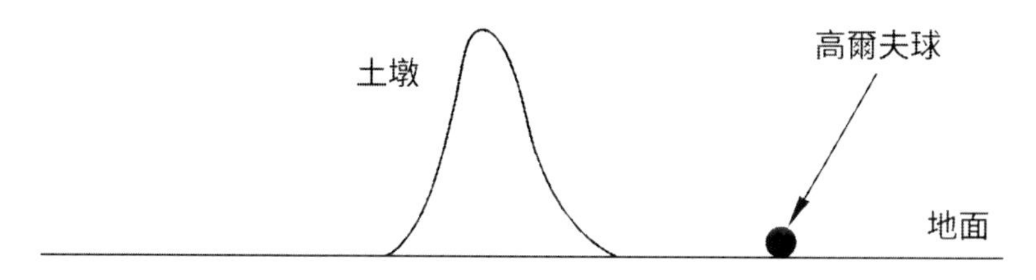

圖 6.1 高爾夫球隊打擊後的運動路徑

我們知道，一個人不能穿過牆壁的原因在於他沒有足夠的運動能量。然而，對於生活在微觀世界中的粒子，能否通過勢壘的問題，量子力學給出與古典力學不同的解答。根據量子運動的規律，即使粒子的能量低於勢壘的高度，它同樣可以穿過勢壘，儘管這種穿越過程只能以很少的機率發生。在圖 6.2 所示的電子勢壘實驗中，電子是穿透勢壘還是被勢壘反射回來，並非完全由它的初始動能所決定。不管電子發射器的初始動能有多大，總有一些電子被反射，也總有一些電子穿透。

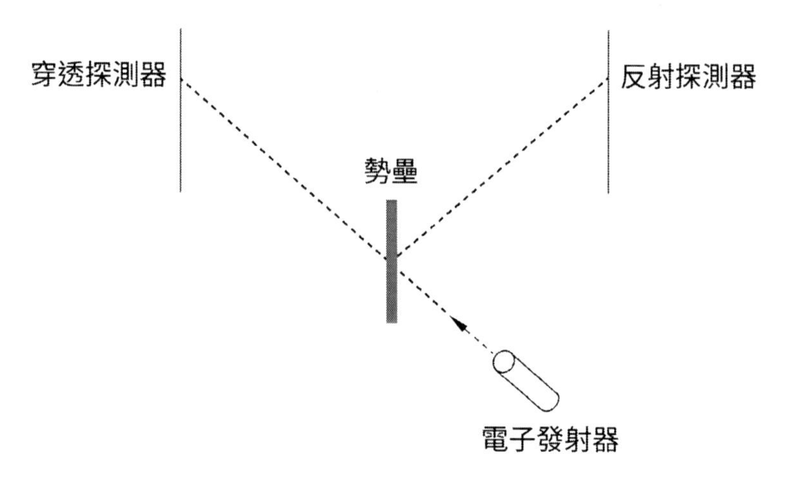

圖 6.2 電子勢壘示意圖

那麼，粒子為什麼能夠穿越比它能量更高的勢壘呢？根本原因在於微觀粒子具有波粒二象性。因為粒子具有波動性，粒子將有一定的分布密度，其廣度會波及勢壘之外，即使粒子能量低於勢壘能量，它也有一定的機率出現在勢壘之外。而且粒子能量越大，出現在勢壘之外的機率越高。但如果我們把微觀世界的粒子換成宏觀世界的物體，比如人，因為人具有極其微弱的波動性，則穿越勢壘的機率極小，幾乎不可能。圖 6.3 為人與粒子穿隧示意圖。圖中人在趕路，前面有一座大山擋住了去路，那麼人如果要去往大山的另一邊，就只能翻過去。但對於粒子而言，它可以直接穿過去，即使能量不足，也可以穿山而過。看來，微觀粒子的確是名副其實的小嶗山道士，儘管只是機率型的。

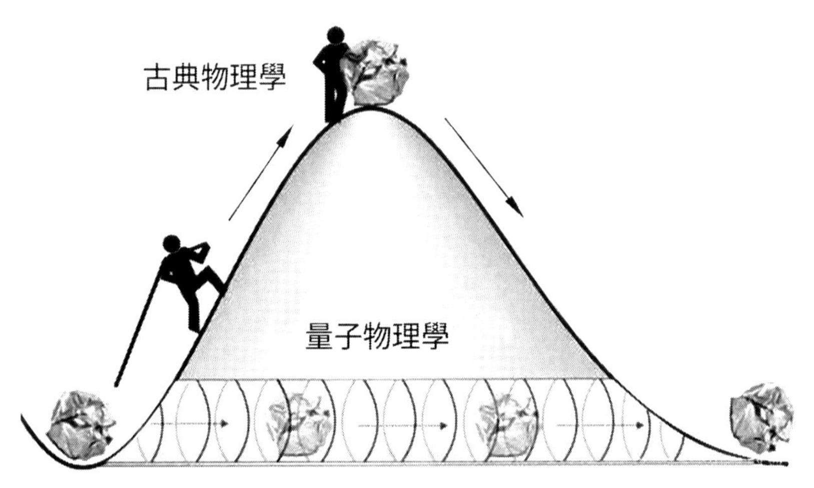

圖 6.3 人與粒子穿隧示意圖

量子穿隧效應的誕生為我們解釋了很多生活裡的現象，因為基本粒子沒有形狀，沒有固定的路徑，不確定性是它唯一的屬性，既是波又是粒子，就像我們對著牆壁大吼一聲，即使 99.99% 的聲波被反射，仍有部分聲波繞射穿牆而過到達另一個人的耳朵。因為牆壁是不可能切斷物質波的，只能在攔截的過程中使其衰減。

量子穿隧效應的應用範圍十分廣泛，比如掃描穿隧顯微鏡的設計原理就來源於量子穿隧效應。掃描穿隧顯微鏡的放大倍數可高達一億倍，分辨率達 0.01mm，從而使人類第一次能夠實時地觀察單個原子在物質表面的排列狀態。打個比方來說，如果電子顯微鏡是用眼睛看物體表面的話，那麼，掃描穿隧顯微鏡就是用手在摸物體表面，從而感知其表面的凹凸不平。

按人的意志來排列一個個原子，曾經是人們遙不可及的夢想，現在，這已成為現實。掃描穿隧顯微鏡不但可以用來觀察材料表面的原子排列，而且能用來移動原子。可以用它的針尖吸住一個孤立原子，然後把它放到一個位置上。這就邁出了人類用單個原子這樣的「磚塊」來建造物質「大廈」的第一步。

量子掃描穿隧顯微鏡的應用已經滲透到科學的各個領域，在表面科學、材料科學、資訊科學與生命科學研究中有著重大的意義，被國際科學界公認為 1980 年代世界十大科技成就之一。

6.4 量子態糾纏性

如果兩個粒子是從一個粒子或同時從一個微觀系統中產生的，那麼它們自然會有糾纏。這時測量一個粒子的狀態，另一個粒子的狀態立刻會發生改變。而且，不管這兩個粒子相距多麼遙遠。正如古詩所云：「君在長江頭，我在長江尾，日日思君不見君，共飲長江水。」

量子糾纏現象其實是一種超乎尋常的超距作用。在微觀世界裡，量子系統下的一對糾纏粒子，如果被置於兩地，無論它們相距多麼遙遠，都會同時感應到彼此。即便一個粒子在地球上，而另一個粒子在銀河系外，它們也會同時感應到對方。這種現象在宏觀世界會變得異常地超乎常理！甚至愛因斯坦也很困惑，以至於稱其為「魔鬼般的超距作用」。雖然愛因斯坦極其不理解量子糾纏，但是越來越多的實驗已經表明，量子糾纏就是微觀世界最普遍的一種現象。但你或許會好奇，狹義相對論不是規定了速度的極限就是光速嗎？量子糾纏感應速度那麼快，為什麼不違背相對論呢？

誠然如此，現代物理學已經告訴我們，量子糾纏的速度至少是光速的 4 個數量級，也就是至少是光速的 1 萬倍，這還只是量子糾纏的速度下限！其實在相對論中的光速極限原理，指的是把一個實物粒子不能加速到超過光速，因為物體的速度越快，質量就越大，當速度接近光速時，質量就逼近無窮大，也就需要無窮大的能量來推動它加速運動，所以實在物體的最大速度不能超過光速。而量子糾纏就完全不同，這種速度只是感應速度，並不需要把實在物體加速到光速以上，所以量子糾纏也不能傳遞資訊，因為糾纏粒子之間的感應並不是透過傳播子來完成的，而電磁波之所以可以傳遞資訊，是因為電磁波本身就包含著光子這種實物傳播子。總之，量子糾纏不涉及任何物質、能量和資訊的傳輸，不違反相對論。如果有人希望突破光速傳送資訊，則是不切實際的幻想。但是到目前為止，科學家也不知道量子糾纏的內在機制究竟是什麼？科學家只能肯定量子糾纏是一種客觀現象。

對於宏觀物體來說，如果它被分解為許多碎片，各個碎片向各個方向飛去，可以描述各碎片的狀態，就可以描述整個系統的狀態。即整個系統的狀態是各個碎片狀態之和。但是，量子糾纏表示的系統不是這樣。我們不能透過獨立描述各個量子的狀態來描述整個量子系統的狀態。量子糾纏讓兩個粒子產生神祕的超越時間和空間的關連。處於量子糾纏的兩個粒子，無論其距離有多遠，它們都不是獨立事件，一個粒子的狀態變化都會影響另一個粒子瞬時發生相應的狀態變化，即兩個粒子間不論相距多遠，從根本上講它們還是相互連繫的，且不需要任何直接交互。這一現象既違背了古典力學，也顛覆了我們對現實的常識性理解。

假設一個零自旋中性 π 介子衰變成一個電子與一個正電子。這兩個衰變物各朝著相反的方向移動。電子移到區域 A，在那裡的觀察者會觀測電子沿著某特定軸向的自旋；正電子移動到區域 B，在那裡的觀察者也會觀測正電子沿著同樣軸向自旋。在測量之前，這兩個糾纏粒子共同形成了零自旋的糾纏態 $|\psi\rangle$，是兩個直積態的疊加，以狄拉克符號 (Dirac notation) 表示為

$$|\psi\rangle = \frac{1}{\sqrt{2}}(|\uparrow\rangle \otimes |\downarrow\rangle + |\downarrow\rangle \otimes |\uparrow\rangle)$$

式中 〈↑ |，〈↓ | 分別表示粒子自旋為上旋或下旋的量

子態。

在圓括號內第一項表明，電子的自旋為上旋當且僅當正電子的自旋為下旋；第二項表明，電子的自旋為下旋當且僅當正電子的自旋為上旋，兩種狀態疊加在一起，每一種狀態都可能發生，不能確定到底哪種狀態會發生，因此，電子與正電子糾纏在一起，形成糾纏態。假若不做測量，則無法知道這兩個粒子中任何一個粒子的自旋。一旦我們測量其中一個粒子的狀態（比如電子的自旋向上），就能夠瞬間知道另一個粒子的狀態（比如正電子的自旋向下），無論它們之間距離（比如 A 區至 B 區）有多麼遠。

通常一個量子是無法產生糾纏的，至少要有兩個量子才行。這種糾纏必須是某種物理量的糾纏，比如光子的偏振糾纏，電子的自旋糾纏等。即必須寄託於某個物理量。鑑於全部現有的量子糾纏實驗都離不開光子，光子便處於量子糾纏製備的中心地位。2016 年 8 月 16 日，中國量子科學實驗衛星「墨子號」首次成功實現，兩個糾纏光子被分發到超過 1,200 公里的距離後，仍可繼續保持其量子糾纏狀態。

如何實現光子糾纏呢？通常對光子源產生的光子透過各種光學干涉的方法來獲取。產生糾纏的光子數越多，干涉和測量系統就越複雜，實驗難度也就越大。一個常用的辦法是，利用晶體管的非線性效應。比如，把一個具有紫外線的光子放進晶體管，由於非線性效應的存在，在輸出端可以得到兩個紅外線光子。因為這兩個紅外線光子來源於同一個「母親」，就處於相互糾纏的狀態了。

量子糾纏是兩體及多體量子力學中非常重要的概念，是一種物理存在，它具有以下啟示意義。

(1) 量子資訊的傳遞速度是非定域的、超光速的

非定域、超光速並不是一個新問題，自 EPR 關聯提出以來就受到了極大的關注，但量子糾纏的成功實驗，人們再也不懷疑量子資訊具有非定域性與超光速性。

即使沒有對量子系統進行測量，量子系統中仍然包含資訊，只是這些資訊是隱藏著的，我們可以稱之為本體論（Ontology）量子資訊。當量子系統被測量之後，就產生了一系列數據，這是一種確定的資訊，我們稱之為認識論（Epistemic）量子資訊，實際上，就是古典資訊。我們可以得到這樣的結論：本體論量子資訊傳遞速度超過光速，它的存儲不受距離的影響，可以是非定域的；而任何認識論量子資訊即古典資訊則不超過光速，只能定域存儲。

(2) 量子糾纏能夠實現隱形傳態

原則上，利用量子糾纏就可能實現「瞬間移動」。比如，先製備一對處於疊加態的粒子，把其中的一個粒子送到遙遠的地方，另一個粒子留在原地。然後讓留在原地的那個粒子

和一個新的粒子發生作用，作用的結果就是原來粒子的狀態發生了改變，那麼遠處的那個粒子的狀態必然瞬時改變。

如果實驗設計得恰當，就可以讓遠處的那個粒子改變了狀態之後和這個新的粒子的原始狀態一致，那就相當把這個新的粒子瞬時傳遞到了遠處，學術界稱為量子隱形傳態，因為傳遞的是粒子的狀態，並不是粒子本身！

這件事早就被實驗證實了，而且也在中國量子科學實驗衛星「墨子號」上實現了。既然所有的物質都是由粒子組成的，只要把一個物體所有的粒子性質都傳遞過去，就相當於把這個物體「瞬間移動」過去了。

(3) 量子糾纏是量子資訊的基礎

由此催生了一系列的量子資訊技術，主要包括三個方面：

1. 利用量子通訊可以實現原理上無條件安全的通訊方式。
2. 利用量子計算可以實現超快的計算能力。
3. 利用量子精密測量可以在測量精密度上超越古典測量的精密度極限。

一百年前，量子橫空出世，許多物理學家曾經牽掛它的命運與前途。愛因斯坦的同事惠勒深情地說：「遇見量子，就如同一個遠方的探索者第一次看見汽車。這個東西肯定是有用的，而且有重要用處，但是，到底有什麼用呢？」一百年後，越來越多的研究表明，基於量子特性所催生的量子技術，正向古典領域挺進，並在克服古典領域原來所不能解決的許多問題，這很可能在不遠的將來引發新一輪技術革命。

Chapter7
量子力學的「華山論劍」

20 世紀物理學史上發生了一場最激烈，影響最大，意義最深遠的爭論 —— 波耳 - 愛因斯坦之爭。兩位最偉大的物理巨擘就量子物理中的隨機性即不確定性問題展開「華山論劍」，其中有過這樣一段經典的對白：

愛因斯坦：「親愛的，上帝不擲骰子！」

波耳：「愛因斯坦，別去指揮上帝應該怎麼做！」

波耳，還有玻恩、海森堡、包立同屬哥本哈根學派；站在他們反面的除了愛因斯坦，還有薛丁格和德布羅意。他們都是物理大師，與量子論的創立者普朗克和量子力學的集大成者狄拉克一樣，因其各自對量子物理的傑出貢獻而先後榮膺諾貝爾物理學獎。

1924 年、1925 年、1926 年和 1927 年，從時間上來說，只是短短的四年，但在物理史上確是一個新紀元！物質波理論、矩陣力學、不相容原理、波動力學、波函數的統計解釋、不確定性原理、互補原理……這麼多偉大的理論全部都誕生在這四年，它們一步步走進量子世界的最深處，迎來了量子論真正意義上的爆發，並足以撼動整個物理學，甚至顛覆我們的世界觀。

在上述理論中，玻恩的機率解釋、海森堡的不確定性原理和波耳的互補原理，三者共同構成了量子論「哥本哈根解釋」的核心。前兩者摧毀了古典世界的嚴格因果性，後兩者又合力搗毀了世界的絕對客觀性。

首先，玻恩天才地指出，波動方程式的「波」，不是古典力學中的機械波或者電磁波，而是一種機率波。因為我們的觀測給事物帶來各種原則上不可預測的擾動，量子世界的本質是「隨機性」。傳統觀念中的嚴格因果關係在量子世界是不存在的，必須以一種統計性的解釋來取而代之。波函數 ψ 就是一種統計，它的平方代表粒子在某處出現的機率。當我們說：電子出現在 x 處時，我們並不知道這個事件的「原因」是什麼，它是一個完全隨機的過程，沒有因果關係。玻恩引入的機率論對古典物理的決定論來說是一個徹底的顛覆。

其次，不確定性原理限制了我們對微觀事物認識的極限，透過該極限，可以知道粒子的位置測量得越準確，動量就以一種越模糊不清的面目出現，反之亦然。同樣，時間 t 測量得越準確，能量 E 就會越起伏不定。它們之間的關係遵循類似的不確性規則：$\Delta t\Delta E \geq h/4\pi$。我們的量子世界就是這樣的奇妙，各種物理量都遵循海森堡的不確定性原理：這就彷彿我們有兩隻眼睛，一隻眼睛可以觀測位置，另一隻眼可以觀測動量（或速度），但是如果我們同時睜開兩隻眼睛，那就會頭昏眼花了。不確定性原理的橫空出世，使古典物理大廈又遭到一輪重炮襲擊。

最後，波耳用一種近乎哲學的口吻說道：電子是波又是粒子，當你觀測時，它就以粒子形式存在；不觀測時就以波的形式存在。所謂波粒二象性，僅取決於觀測方式而已。事實上，一個純粹的客觀世界是沒有的，任何事物都只有結合一個特定的觀測手段，才談得上具體意義。對象所表現出來的形態，很大程度上取決於我們的觀察方法。對同一個對象來說，這些表現形態可能是互相排斥的，但又必須被同時用於這個對象的描述之中，這就是互補原理。波耳為了形象地解釋他提出的互補原理，舉日本富士山的例子：「在黃昏時，山頂籠罩在雲層中，山體朦朧，顯示出一種雄偉莊嚴的景象；到了早晨太陽出來了，山體清清楚楚，使人心曠神怡。這就是富士山的兩種『互補』景象。兩種景象不能同時出現，但你若捨棄其中的一種，也就不能完全代表富士山。」

哥本哈根解釋表明了波耳等人對於原子尺度世界的態度，而愛因斯坦等人決心要維護古典世界的光榮秩序，讓古典法則獲得應有的尊嚴。雙方的對決在第五屆索爾維會議達到高潮。

從 1911 年成功召開第一屆索爾維國際物理學討論會以來，索爾維會議一直致力於解決物理學中突出的懸而未決的問題，大約每三年舉行一次。第五屆索爾維會議於 1927 年 10 月在比利時首都布魯塞爾召開，這次會議邀請了當時幾乎所有的最傑出的物理學家，洵為盛會。圖 7.1 為第五屆索爾維會議參加者合照，這是史上智商最高的科學巨匠合影，各種物理公式定理都坐在了一起，真正的大師聚會！會議從 10 月 24 日到 29 日，為期 6 天。主題是「電子與光子」。這個議程本身簡直就是量子論的一部微縮史。會議涇渭分明地分成兩大陣營：哥本哈根派的波耳、玻恩、海森堡和包立。哥本哈根派的勁敵：愛因斯坦、德布羅意和薛丁格。

圖 7.1 第五屆索爾維會議參加者合照

第三排：①奧古斯特·皮卡爾德、②亨里奧特、③保羅·埃倫費斯特、④愛德華·赫爾岑、⑤西奧費·頓德爾、⑥埃爾溫·薛丁格、⑦維夏菲爾特、⑧沃爾夫岡·包立、⑨維爾納·海森堡、⑩拉爾夫·福勒、⑪萊昂·布里淵

第二排：①彼得·德拜、②馬丁·努森、③威廉·勞倫斯·布拉格、④亨德里克·克雷默、⑤保羅·狄拉克、⑥阿瑟·康普頓、⑦路易·德布羅意、⑧馬克斯·玻恩、⑨尼爾斯·波耳

第一排：①歐文·朗繆耳、②馬克斯·普朗克、③瑪里·居禮、④亨德里克·勞侖茲、⑤阿爾伯特·愛因斯坦、⑥保羅·朗之萬、⑦查爾斯·古耶、⑧查爾斯·威耳遜、⑨歐文·理查森

德布羅意一馬當先在會上做了發言。他試圖把粒子融合到波的圖像裡去，提出了一種「導波」理論，認為粒子是波動方程式的一個奇點，它必須受波的控制和引導，將波函數視為引導粒子動作的嚮導波。包立站起來狠狠地批評這個理論，他首先不能容忍歷史車輪倒轉，回到一種傳統圖像中，然後他引用了一系列實驗結果反駁德布羅意。最後，德布羅意不得不公開聲明放棄他的觀點。

接著，薛丁格作了題為「波動力學」的報告，他又搬出自己的「電子雲」理論，認為電子是一種波，就像雲彩一樣在空間擴散開去。波函數就是電子電荷在空間中的實際分布，本身代表一個物理實在的可觀測量。薛丁格的報告激起與會者很大爭論，甚至認為他並不完全理解自己寫出的波動方程式是什麼意思，特別是那個未知的波函數「ψ」，直至玻恩將機率引入這才真相大白。但是他依然堅持用機率來描述電子並不真實，是「胡扯」。玻恩回敬道：「不，一點都不胡扯。」

在這次會議上，愛因斯坦第一次公開發表對哥本哈根觀點的反對意見，儘管他只提出一個很簡單的反駁，但思想卻極為深刻。他提出了一個模型：一個電子通過一個小孔得到繞射圖像。愛因斯坦指出，目前存在兩種觀點：第一是說這裡沒有「電子」，只有「一團電子雲」，它是一個空間中的實在，為德布羅意 - 薛丁格波所描述。第二是說有一個電子，

而 ψ 是它的「機率分布」，電子本身不擴散到空中，而是它的機率波。愛因斯坦承認，觀點二是比觀點一更加完備的，因為它整個包含了觀點一。儘管如此，愛因斯坦仍然說，他不得不反對觀點二。因為這種隨機性表明，同一個過程會產生許多不同的結果，而且這樣一來，感應器上的許多區域就要同時對電子的觀測做出反應，這似乎暗示了一種超距作用，從而違背相對論。

愛因斯坦的上述分析是關於量子論與相對論的不相容性的最早觀點。他話音剛落，在會議室的另一邊，波耳也開始搖頭。可惜的是，波耳等人的原始討論紀錄沒有官方資料保存下來。據海森堡 1967 年的回憶說：「討論很快就變成了一場愛因斯坦和波耳之間的決鬥：當時的原子理論在多大程度上可以看成是討論了幾十年的那些難題的最終答案呢？我們一般在旅館用早餐時就見面了，於是愛因斯坦就描繪一個思想實驗，他認為從中可以清楚地看出哥本哈根解釋的內部矛盾。然後愛因斯坦、波耳和我便一起走去會場，我就可以現場聆聽這兩個哲學態度迴異的人的討論，我自己也常常在數學表達結構方面插幾句話。在會議中間，尤其是會議休息的時候，我們這些年輕人 —— 大多數是我和包立 —— 就試著分析愛因斯坦的實驗，而在吃午飯的時候討論又在波耳和別的來自哥本哈根的人之間進行。一般來說，波耳在傍晚的時候對這些思想實驗完全心中有數了，他會在晚餐時把它們分析給愛因斯坦。愛因斯坦對這些分析提不出反駁，但在心裡他是不服氣的。」

愛因斯坦當然是不服氣的，他如此虔誠地信仰因果律，以致絕不能相信哥本哈根的那種機率解釋。就在這次會議上，愛因斯坦當眾拋出了那句名言：「上帝是不會擲骰子的。」

然而，事實上支配粒子行為的並不是什麼「上帝」，而是機率。1927 年的這場華山論劍，愛因斯坦終究輸了一招。

第五屆索爾維會議的論戰可以說是物理史上最為精彩、最高配置的對決，雖然這場論戰十分尖銳、激烈，但是卻展現了雙方對於科學的嚴謹態度，這是一場真正的學術論戰，是學術論戰的光輝典範。

時光荏苒，一彈指又是三年。1930 年，第六屆索爾維會議在布魯塞爾召開了。愛因斯坦捲土重來，向不確定性原理發起挑戰，第二次華山論劍誰勝誰負呢？

會上，愛因斯坦拋出一個思想實驗。想像一個箱子，上面有一個小孔，並有一道可以控制其開閉的快門，箱子裡面有若干個光子。假設快門可以控制得足夠好，它每次打開的時間是如此之短，以致每次只允許一個光子從箱子裡面飛到外面。因為時間極短，Δt 是足夠小的。那麼現在箱子裡少了一個光子，它輕了那麼一點點，這可以用一個理想的彈簧秤測量出來。假如輕了 Δm 吧，那麼就是說飛出去的光子重 m，根據相對論的質能方程 $E = mc^2$，可以精確地算出箱子內部減少的能量 ΔE。

由於時間測量由鐘錶完成，光子能量測量由箱子的質量變化得出，所以二者是相互獨立的，測量精準度不應該相互制約，所以 ΔE 和 Δt 都很確定，海森堡的公式 $\Delta E \Delta t > h$ 也就不成立。那麼，整個量子論是錯誤的！

這可以說是愛因斯坦凝聚了畢生功夫的一擊，其中還包含他的成名絕技相對論。波耳驚呆了，一整天都悶悶不樂。他說，假如愛因斯坦是對的，物理學的末日就到了。經過徹夜思考，他終於在愛因斯坦的推論中找到了一處破綻。

第二天，波耳在黑板上對光箱實驗（見圖 7.2）進行了理論推導。他指出：一個光子跑了，箱子輕了 Δm。我們怎麼測量這個 Δm 呢？用一個彈簧秤，設置一個零點，然後看箱子位移了多少。假設位移為 Δq 吧，這樣箱子就在重力場中移動了 Δq 的距離，但根據廣義相對論的紅移效應，這樣的話時間的快慢也要隨之改變相應的 Δt。可以根據公式計算出：$\Delta t > h/\Delta mc^2$。再代以質能公式 $\Delta E = \Delta mc^2$，則得到最終的結果，這結果是如此眼熟：$\Delta t \Delta E > h$，正是海森堡測不準關係！

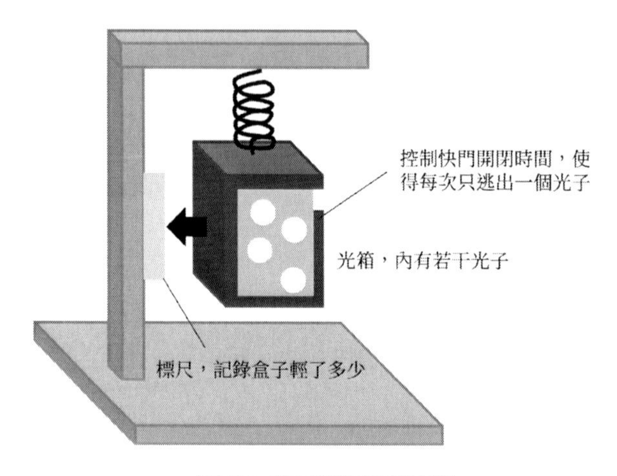

圖 7.2 愛因斯坦光箱實驗

在這裡，關鍵是愛因斯坦忽略了廣義相對論的紅移效應！重力場可以使原子頻率變低，等效於時間變慢。當我們測量一個很準確的 Δm 時，我們在很大程度上改變了箱子裡的時鐘，造成了一個很大的不確定的 Δt。也就是說，在愛因斯坦的裝置裡，假如我們準確地測量 Δm，或者 ΔE 時，我們就根本沒法控制光子逃出的時間 t ！

愛因斯坦的光箱實驗非但沒有擊倒量子論，反而成了它最好的證明，給它的光輝又添上了濃重的一筆。

愛因斯坦對波耳的華山論戰雖然兩戰兩敗，但愛因斯坦認為量子論即使不能說是錯吧，至少是「不完備的」，它不可能代表深層次的規律，由機率主導的量子論不過是一種理論上的過度，而並非自然本身是不確定的。不久，愛因斯坦又要提出一個新的思想實驗，作為對量子論完備性的考驗。

1933 年 1 月希特勒上臺，愛因斯坦離開了德國，漂洋過海，到美國普林斯頓大學任職。愛因斯坦沒有出席第七屆索爾維會議，但他並沒有放棄對哥本哈根派的反擊。1935 年 5 月，愛因斯坦（Einstein）和他的兩個同事波多爾斯基（Podolsky）及羅森（Rosen）三人（EPR）在《物理評論》雜誌上發表了〈量子力學對物理實在的描述可能是完備的嗎？〉一文，以質疑量子論的完備性。

在 EPR 文章中，愛因斯坦設想了一個涉及兩個粒子的思想實驗。在實驗中，兩個粒子經過短暫的相互作用後分離開，這一相互作用產生了兩個粒子之間的位置關連和動量關連。然後愛因斯坦論證道，由於透過對粒子 1 的位置測量可以知道粒子 2 的位置，而根據相對論的定域性假設，這一測量不會立即影響粒子 2 的狀態，從而粒子 2 的位置在測量之前是確定的，同理，粒子 2 的動量在測量之前也是確定的。於是粒子 2 的位置和動量在測量之前，都具有確定的值，而一個完備的理論，應同時給出粒子 2 在測量之前的位置值和動量值，但量子力學只能給出關於這些值的統計資訊。因此，量子力學是不完備的。薛丁格後來把兩個粒子的這種狀態命名為糾纏態。

EPR 文章發表後，在物理界立刻引起很大的反響。同時也引起波耳的關注和不安，經過三個月的艱苦工作，波耳於同年 10 月在《物理評論》上發表了一篇與 EPR 同名的文章，以反駁愛因斯坦等人的觀點。波耳既不同意愛因斯坦關於物理實在性的樸實看法，也不贊同愛因斯坦的定域性假設。他認為：物理系統在測量之前沒有確定的屬性，但當我們觀測之後，波函數塌縮，粒子隨機地取一個確定值出現在我們面前。然而，波耳的反駁是無力的，愛因斯坦根本不相信波耳所宣揚的「一個物理量只有當它被測量之後才是實在的」觀點。他回敬道：「難道月亮只有在我看它時才存在嗎？」顯然，這樣的爭論是不會出結果的，只有用實驗來說話才是最有力的。可惜粒子糾纏態實驗太難做了，愛因斯坦和波耳都沒有在有生之年看到它，真是物理學界的一大憾事。

直到 1964 年，貝爾出現了！他提出一個強有力的數學公式，人們稱之為貝爾不等式。有了這個不等式，物理學家就可以檢驗，大自然是根據哥本哈根預言的「幽靈般的超距作用」運作呢？還是根據愛因斯坦堅持的定域實在論運行？量子世界究竟符合哪一種描述。裁判的結果表明，在微觀世界定域實在性並不成立，而「幽靈般的超距作用」是存在的，愛因斯坦錯了，波耳是對的。至此，我們終於可以為量子論正統觀點洗白！

愛因斯坦對哥本哈根的解釋提出了很多反對意見，然而他反對的並不是因為它顛覆了古典物理學，愛因斯坦本身就是一位顛覆者，正是愛因斯坦葬送了古典力學在宏觀低速領域的統治地位，創建了相對論。愛因斯坦真正反對哥本哈根解釋的原因是：這種解釋觸犯了他虔誠地信仰決定性因果律這條不可動搖的底線。愛因斯坦認為一個沒有嚴格因果律的物理世界是不可想像的。物理定律應該統治一切，物理學應該簡單明確：A 導致了 B，B 導致了 C，C 導致了 D，環環相扣。每一個事件都有來龍去脈、原因結果，而不依賴於什麼「機率性」。1924 年 4 月 29 日，愛因斯坦致玻恩的信中說：「我絕不願意被迫放棄嚴格的因果性，而對它不進行比我迄今所進行過的更強有力的保衛。我覺得完全不能容忍這樣的想法，即認為電子受到輻射的照射後，不僅它的跳躍時刻，而且它的方向，都由它自己的自由意志去選擇。在那種情況下，我寧願做一個補鞋匠，或者做一個賭場裡的傭員，而不願做一個物理學家。固然，我要給量子以明確形式的嘗試再次失效了，但是我絕不放棄希望。即使永遠行不通，總還有那樣的安慰：這種不成功完全是屬於我的。」

波耳等人正是透過分析愛因斯坦的反對意見才進一步完善了他們關於量子論的正統觀點。同時，愛因斯坦對哥本哈根解釋的批評也一直在激勵後人去發展更完備的量子理論。

圖 7.3 波耳和愛因斯坦

愛因斯坦於 1905 年創立了狹義相對論，於 1915 年建立了廣義相對論。然而，他一生的大部分時間都在思索量子的神祕本質，並試圖建立一種更完備的量子理論。愛因斯坦晚年承認，「整整 50 年有意識的思考仍沒有使我更接近『光量子是什麼』這個問題的答案。」面對量子論的正統觀點愛因斯坦是反對者，然而他也許比任何人都更牽掛量子的前途和命運。今天，人們沒有理由認為量子力學的現在形式是最後的形式而停止前進的步伐，量子論的路仍然沒有走完，還有無數未知的祕密有待發掘，而我們的探索也永遠沒有終點。

愛因斯坦和波耳之間的論戰，從 1920 年開始到 1955 年愛因斯坦去世，持續了 35 年，堪稱一場「關於物理靈魂的論戰」。由於兩位 20 世紀的科學巨人在哲學觀點上的不同，使得他們之間的分歧直到最後也沒有調和。但是，波耳和愛因斯坦無論怎樣爭論，雙方都襟懷坦蕩、互相敬仰，結成了親密的朋友。愛因斯坦稱讚波耳說：「他無疑是當代科學領域中最偉大的發現者之一。」波耳則說：「在征服浩瀚的量子現象的鬥爭中，愛因斯坦是一位偉大的先驅者，但後來他卻遠而疑之，這是一個多麼令我們傷心的悲劇啊。從此他在孤獨中摸索前進，而我們則失去了一位領袖和旗手。」非常令人感動的是 1962 年 11 月 18 日波耳去世前夕，他的工作室黑板上還畫著一個 1930 年與愛因斯坦爭論時，愛因斯坦設計的「光子箱」草圖。此時，愛因斯坦已去世七年，波耳仍以這次爭論激勵自己，力求從愛因斯坦那兒得到更多靈感和啟迪。

愛因斯坦的祕書海倫·杜卡斯（Helen Dukas）這樣說：「儘管他們不經常見面，也不經常通信，但他們相互欽佩！」

「他們熱烈地深愛著彼此。」

Chapter8
為什麼量子力學顛覆了人類認知

恩格斯說：「一個民族要站在科學的高峰，就一刻也不能沒有理論思維。」實際上現代物理學許多新的發現都是有賴於思維方法的不斷突破。傳統思維為什麼錯？原因是大家都只憑日常生活經驗去認識事物。例如，人用手推車，便會得出「運動（速度）是靠外力來維持的，力大則速度大」的錯誤觀念。直到伽利略才弄清楚「維持速度不需要力，產生加速度才與力有關係。」從「速度」到「加速度」，糾正一字之錯，前後竟經過幾個世紀的歷史跨度，可見發現真理之難。後來，牛頓在伽利略的基礎上進一步發現力學規律，他把複雜的文字描述換成了「$F = ma$」的準確公式，這就是大名鼎鼎的運動基本定律。庫柏說：「這個方程式包含了牛頓理論的全部深刻涵義。」牛頓的偉大功績在於：他把地上和天上的物體運動規律統一起來，形成了一個完整的力學體系。但是，當物體的運動速率很高時（接近光速），當所描述的體系很小時（微觀體系），當所描述的物質系統很大時（重力很強），牛頓的萬有引力定律、運動定律和牛頓的時空觀就不完全正確了，將要由新的理論代替。

歷史進入20世紀，物理學兩大支柱的相對論和量子論相繼問世，給人類帶來更深層次的思維革命。相對論研究的對象是高速運動物體，粒子軌道還是很明確的；而量子論研究的對象是微觀粒子，它們的運動呈現「波粒二象性」，沒有軌道的概念，只能用一種看不見的「波函數」作為機率性描述。人們感覺到相對論儘管奇妙，卻不神祕；而量子論不但奇妙，而且神祕得使人難以理解。例如，著名物理學家費曼於 1964 年在美國康乃爾大學演講時說：「曾經有一個時期報紙上說只有 12 個人懂得相對論。我不相信真有那樣的時候，可能有一個時間只有一個人懂，因為在他寫文章之前只有他一個人明白了。但是當人們讀了他的文章後，有許多人在各種程度上懂得了相對論，肯定超過 12 個人。不過在另一方面，我想我可以相當把握地說，沒有人真正懂得量子力學。」他的忠告確實非常重要。量子力學作為一門科學，一方面應該說清楚微觀世界「是什麼」，另一方面應要解釋微觀世界「為什麼是這樣」。但是恰恰相反，量子力學創立以來，物理學家對量子力學所描述的微觀世界「是什麼」了解得越多，關於「如何解釋」的困惑也就越多。如果學習量子力學沒有困惑，那只有一種可能，就是連量子力學所描述的微觀現象「是什麼」都還沒有真正了解，也就是說，沒有真正懂得量子力學。所以，學習量子力學首先應關注量子力學「是什麼」，而不要過早糾纏在「為什麼」上面。在正確理解量子力學「是什麼」之後，再鼓勵大家進一步探索量子力學的奧祕。

量子力學創立於 1925 年，一直到 20 世紀末，情況才發生根本變化，一系列新的實驗終於使我們看到了曙光，原來量子力學顛覆了古典物理世界的基本法則，更加深刻地揭示了人類認識大自然的基本道理。

8.1 牛頓時代

17 世紀中葉，人們對自然現象和規律的認識仍然是支離破碎的，偏重於對自然萬物作定性的討論，此時需要一個天才式的人物來對已有認識進行歸納、總結和發展，以形成一套嚴謹的物體宏觀運動規律的理論體系。上帝說：「讓牛頓去做吧！」

西元 1687 年，一部科學史上劃時代的巨著《自然哲學的數學原理》問世，牛頓發表了他開創性的研究成果：萬有引力定律和古典力學三大定律，這象徵著古典力學大廈的落成。透過三大運動定律建立了一個嚴格而自洽的力學體系，把天地萬物的運動規律概括在一個嚴密的統一理論中。這是人類認識自然的第一次理論大綜合，也是人類智慧至高無上的體現。從此，開闢了科學史上的牛頓時代。

凡是涉及統一意義的理論都是相當偉大的成就：

- 牛頓統一了天上星星的力和地上蘋果的力；
- 馬克士威把自然界三種神奇的東西 —— 電、磁和光統一起來了；
- 愛因斯坦統一了流逝著的時間和物體存在的空間；
- 德布羅意用物質波將古典力學中不相容的一對概念 —— 粒子和波統一起來。

當代科學家試圖實現相對論與量子論之間的結合，將宇宙中四種各自為政、互不管轄的作用力：重力、電磁力、強核力、弱核力統一起來，這就是所謂的「大統一理論」以及由此發展出來的多個變種，不過它們還在漫漫的征途上，人們還不知道什麼時候能夠達到這個目標。

雖然歲月已過去數百年，但我們依然生活在牛頓所揭示的物理世界裡。牛頓體系取得了巨大的成功，閃耀著神聖不可侵犯的光輝，並因此導致決定論的形成，認為自然萬物都是由物理定律所規定下來的，不論所研究的對象有什麼尺度，大至行星、恆星，小至分子、原子，都遵循同一個定律，一切運動都可以透過古典力學來預言。正如波耳所說：「牛頓力學在如下意義上是決定論的。如果準確地給定系統的初始狀態（全部粒子的位置和速度），則任一其他時刻的狀態都可由力學定律算出。一切其他的物理學都是按照這種式樣建立起來的。機械決定論逐漸成為一種信條 —— 宇宙像是一部機器，一部自動機。就我所知，在古代和中古時代的哲學中，並無這種觀念的先例；它是牛頓力學巨大成就的產物，特別是天文學中巨大成就的產物。在 19 世紀，它成了整個精確科學的基本哲學原則。」

8.2 愛因斯坦時空

愛因斯坦在牛頓誕生 300 週年紀念會上說：「牛頓啊！請原諒我。你所發現的道路，在你所處的那個時代，是一位具有最高思維能力和創造力的人所能發現的唯一道路。你所創造的概念，甚至今天仍然指導著我們的物理思想，雖然我們現在知道，如果要更加深入地了解各種連繫，那就必須用另外一些離直接經驗領域較遠的概念來代替這些概念。」

試問，愛因斯坦在哪些方面為物理學研究提出了新的概念，開闢了新的道路？牛頓說時間、空間是絕對的。愛因斯坦說時間和空間是相對的、可變的，在高速運動狀態下，尺子會縮短，時間會變慢，物體質量會增加，物體的質量與能量會轉化。

首先，愛因斯坦經過 10 年的思考和研究，終於認識到牛頓力學中關於絕對空間和絕對時間的觀念是沒有根據的。他諄諄告誡說：我們不要去討論什麼絕對空間、絕對時間或絕對運動，而應該去研究相對空間、相對時間或相對運動。這就是說，兩個相互以速度 v 運動的慣性系 S 和 S' 中的觀察者都分別有自己的尺和鐘，分別記錄一個「事件」在 S 系的空間一時間座標（x，t）與 S' 系的相應座標（x'，t'），我們只需要關心（x，t）和（x'，t'）之間的關係，而它們之間的變換關係一定是相對的。愛因斯坦讓人類重新審視空間與時間。他認為，運動會改變周圍的時間和空間，並且時間和空間並非是分立的兩個物理量，而是應該被統一起來的，所以應該叫做時空。而我們人類就是生活在四維時空中。

狹義相對論的勝利，證明愛因斯坦思想方法的高明，我們要從中「舉一反三」，推廣出一條認識事物的新思路：任何一種事物，都只有在相對於其他事物的運動和變化中才能被認識，當脫離它的對應物而孤立地存在著的時候，勢必成為神祕而不可理解的東西。

其次，相對論否定了牛頓力學中物體質量是絕對不變的觀點。宏觀物體在低速運動的情況下，物體的質量可視為不變；而當物體的運動速度可與光速相比擬時，物體的質量不再是常量，而是隨著運動而發生變化的。即當物體高速運動的時候，其質量會隨物體運動速度的提高而增加，這就是愛因斯坦新的質量觀。

最後，相對論否定了牛頓力學中質量與能量互不相關的思想。牛頓力學認為質量與能量是兩個意義完全不同的物理量，彼此之間互不相關；而相對論則認為質量與能量之間有著密切的關係，質能方程（$E = mc^2$）便是很好的體現。

相對論對牛頓力學的突破，為人類樹立了新的時空觀、物質觀和運動觀。這一理論被後人譽為20世紀人類思想史上最偉大的成就之一。這是一場從根本上改變物理面貌的科學革命。

相對論雖然取得了巨大成功，但在哲學方面，愛因斯坦卻再一次，儘管是最後一次穩固了牛頓力學的因果決定論。也就是說，無論自然現象還是人的思維都被包羅萬象的因果關係所決定。昨天種種，是今天種種的原因，明天種種又是今天種種的結果。宇宙每一種事物之所以出現，之所以按這種方式出現，而不按另一種方式出現，是因為宇宙本身不過是一條原因和結果的無窮的鎖鏈。無論是古典力學的創始人，還是相對論的發現者，他們深信宇宙的一切，都是在決定論的監視下一絲不苟地運行的。

8.3 量子世界

20世紀量子的發現，宣告了量子力學的正式創立，對古典力學提出了挑戰。

8.3.1 研究對象不同

牛頓力學將研究對象抽象為質點，質點只具有粒子性，沒有波動性。質點的狀態用位置（或座標）和動量（或速度）來描述。量子力學研究的對象是亞原子的微觀粒子（如光子、電子），它具有波粒二象性，粒子的位置和動量不能同時確定，因而質點狀態的描述方式不適用對微觀粒子的描述。在量子力學中，粒子的運動狀態用一個神祕的波函數來描述。一般講，波函數是位置 x 和時間 t 的複函數 $\psi(x, t)$，它的絕對值的平方 $|\psi(x, t)|^2$ 對應微觀粒子在某處出現的機率密度。波函數概念的形成正是量子力學完全擺脫古典的觀念，走向成熟的象徵。

8.3.2 對自然本性的認識不同

古典力學認為物體的運動是連續的，物體性質的變化是連續的，時間和空間也是連續的。連續性所主宰的世界是我們熟悉的，可以直接感知的宏觀世界，生活在這樣一個世界，我們心裡很踏實。1900 年，普朗克發現量子，我們才認識到自然的一種本性 —— 分立性或非連續性，從而打破了自然過程都是連續的古典定論。原來自然是不連續的，它可能更像一片沙灘，遠看是連在一起的，走近才發現它是由一粒粒的細沙構成的。

量子革命使得越來越多的人認識到，時空不可能無限分割下去，「無限分割」的概念只是一種數學上的理想，而不可能在現實中實現。一切都是不連續的，連續性的美好藍圖，也許不過是我們的一種想像。

8.3.3 描述世界的物理法則不同

牛頓力學和相對論一樣，它們都是用確定性方法（或決定論）描述宏觀世界，在這裡一切事物的運動、變化都遵循必然性的規律，必然性強調的是確定性、不可動搖、不可更改的方面，人們必須遵守，必須服從，沒有商量的餘地。這種理論限制了人的創造思考，並阻止了一切革新。量子理論用統計方法描述微觀世界，在這裡，一切瞬息萬變的微觀態只能給出一個可能、機率的結果。這種理論強調不確定性、多可能性和自由性。自然界應該是開放的，未來不再由過去和現在決定。量子論使人們從決定論的枷鎖中解放出來，重新獲得了創造性。以上是兩種思想觀念、基本精神完全不同的描述方法。

8.3.4
測量方法不同

物理學是關於測量的科學。假如一個物理概念是無法測量的，它就是沒有意義的。所以沒有測量，就沒有物理學。測量是人們用自己的感官或借助儀器對客觀事物進行一種有目的、有計劃的活動，如圖 8.1 所示。在量子論形成之前，測量的概念並沒有引起人們的重視。量子論建立之後，測量問題受到廣泛關注。

圖 8.1 測量過程示意圖

測量，在古典物理中，這不是一個需要特別考慮的問題。我們不會認為測量過程跟其他過程服從不同的物理規律。無論你測量或不測量某個物體，它都具有某些確定的性質。例如測量一塊金屬的重量，我們用天平，用彈簧秤或用電子秤來秤，理論上是沒有什麼區別的。在古典物理看來，金屬是處在一個絕對的，客觀的外部世界中，而我們 —— 觀測者 —— 對這個世界是沒有影響的，至少，這種影響是微小得可以忽略不計的。你測得的數據是多少，金屬的「客觀重量」就是多少。但是量子世界就不同了，因為我們測量的對象是如此微小，以致我們的介入會對其產生致命的干預。我們本身的擾動使得測量充滿了不確定性，從原則上講無論採用什麼手段都是無法克服的。

我們要時刻注意，在量子論中觀測者是和外部世界結合在一起的，它們之間現在已經沒有明確的分界線，已融合成為一個整體。我們和觀測物相互影響，使得測量行為成為一種難以把握的手段。在量子世界，對於一些測量手段來說，電子呈現出一個準確的動量 p，對於另一些測量手段來說，電子呈現出準確的位置 q。我們能夠測量得到的電子才是唯一的實在，沒有一個脫離於觀測而存在的「客觀」的、「絕對」的電子。測量行為創造了整個世界，測量是量子力學的核心問題，測量也是量子力學爭論最多的問題。

綜上所述，我們得到這樣一個啟示：科學的進步離不開對舊知識體系的突破。關於物體運動現象，從亞里斯多德到伽利略都進行了研究，到了牛頓那裡，他把複雜的問題描述換成「$F = ma$」的準確定義，即牛頓的運動第二定律，說明作用力 F 和加速度 a 成正比，其中加速度 $a = v/t$，速度 $v = s/t$（S 為作用距離），方程式中的時間 t 都是不變的。在外物的速度為一般（低速）情況下，牛頓理論是正確的，這是經過無數次實驗得到證實的。但在外物以極快速度（接近光速）運動時，時間將會發生變化，情況就會有所不同。所以，牛頓力學只適用於宏觀低速運動的物體。到了愛因斯坦那裡，對時間和空間的概念進行了革命性變革，創立了相對論，解決了物體高速運動的問題；再到普朗克、波耳等科學家那裡，他們對世界的連續性和確定性概念進行了顛覆性變革，創立了量子論，解決了微觀亞原子條件下的問題。從牛頓理論到相對論再到量子論，這一座座指引著人類發展方向的里程碑，表示人類對世界的認識和思考從來沒有停止過，也不可能停止。

8.4 量子思維

科學革命實質是科學思維與科學方法的變革。在 21 世紀的資訊文明時代，人類的思維方式將要發生一次根本性變化，從牛頓思維方式轉變為量子思維方式，以適應新時代的需要。

8.4.1 從簡單性到多樣性

古典力學一直在簡單性原則的指導下，努力探索物質構成的簡單性，運動規律的簡單性，把異常複雜的機器分解成各種簡單機器的重複。量子力學認為世界是「複數」的，存在多樣性、多種選擇。在我們決定之前，選擇是無限的、變化的，直到我們最終做出了選擇，其他所有的可能性崩塌。同時，這個選擇為我們下一次選擇又提供了無窮多的選項。

正如我們在對量子系統進行測量之前，系統的波函數處於疊加態，測量造成波函數的塌縮，得到了一個物理量的確定值，同時又生成了新的波函數，這個新的波函數又成為下一過程的初始波函數，它又處於新的疊加態。在這個意義上，對未來而言，測量將建立一個新的波函數，它反映了粒子又有多條可能的路徑，提供了多種選擇。

8.4.2 從連續性到非連續性

自從牛頓用數學規則（微分方程式）馴服了大自然之後，一切自然的過程就都被當成是連續不間斷的，這個觀念深深地植入人們的內心深處，顯得天經地義一般。

1900 年，普朗克提出了能量量子化假設，這是一個劃時代的發現，打破了自然過程連續性的古典論定論，但當時沒有人願意接受這個假設。然而，剛從大學畢業年僅 21 歲的愛因斯坦，對於新生「量子嬰兒」表現出熱情支持的態度。1904 年，愛因斯坦給出了一個探索性假設：光也是由能量子（光子）組成的。8 年後，來自哥本哈根大學 26 歲的博士波耳，在原子結構中引入量子化的概念，他認為，原子周圍的電子只能處於分立的能量態，電子唯一的運動只能在分立的能量態之間躍遷。正是這三位先驅者突破了傳統思維的禁錮，讓量子登上科學舞臺，從此開始了人類研究非連續性力學 ——

量子力學的歷史。

我們可以更深入地來看這個問題。在工業文明時代，人類面對的是物質性很強的對象，如土地、礦產、鋼鐵、機器等。這個時代的特徵是事物的發展是一個不斷累積、循序漸進的過程；事物發展的前景是可以預測的。古典物理和牛頓思維比較適應這個時代的實踐，並取得了足以令人自豪的成就。資訊文明時代，人類面對的是「資訊」、「知識」等物質性極弱的對象，它們的最大特徵是波動、跳躍、速度變化快和不可預測。對於這種非漸進的和非連續變化的事物就要用量子思維方式來看待。

8.4.3 從觀察者到參與者

牛頓力學和相對論中，世界是絕對客觀存在的，人只是一個觀察者，真實世界的運行規律不會因為人的觀測而改變。就像宇宙是一個永遠走動的大鐘，在任何情況下，它的速率始終都是相同的，人只是宇宙的一部分，必須遵從這個規律。

量子論認為，不存在一個客觀的、絕對的世界。唯一存在的就是我們能夠觀測的世界。在量子論中觀測者和外部世界是結合在一起的，它們之間沒有明確的分界線，是天人合一的，融合成為一個整體。

量子力學中，量子的狀態因為觀測而變化。例如，電子具有波粒二象性，當它不被觀測時，電子以波的形式存在；它被觀測時，會以粒子形式存在。電子可以展現出粒子的一面，也可以展現出波的一面，這完全取決於我們如何去觀測它。換言之，事實上不存在一個純粹的客觀世界，任何事物只有結合一個特定的觀測手段才談得上具體意義。被研究對象所表現出的形態，很大程度上取決於我們的觀察方法。對同一個對象來說，這些表現形態可能是相互排斥的，但又必須同時用於這個對象的描述中，也就是互補原理。

人從觀察者變成參與者，物理學的全部意義，不僅在於研究世界運行的客觀規律，還在於研究人與世界的互動方式。

8.4.4
從因果關係到測不準關係

在古典物理中，因果關係被描述為：「對於一個給定系統，如果在某時所有數據已知，那麼也就有可能無歧義地預測系統在未來的物理行為。」也就是說，從系統的一組初值可以推導出一條確定的軌道，它一舉決定了系統的過去和未來，使得人們可以準確地預言系統的未來。在因果關係看來，事物都有一個使它發生的原因，若沒有原因什麼事情也不會發生，而相同的原因總會產生相同的結果。

但是，在量子力學中由於存在測不準關係，世界本質是隨機性的，當我們說某個事件出現時，我們並不知道這個事件的「原因」是什麼，它是一個完全隨機的過程，沒有因果關係。完全相同的操作可能帶來截然不同的結果。

我們知道，當派遣一個光子去探測電子的位置時，光子的波必然給電子造成強烈的擾動，讓它改變速度。光子波長越短，它的頻率就越高，而頻率越高的話能量也相應越強，因為 $E = h\nu$，這樣給電子的擾動就越厲害。所以，為了測量電子的位置，我們劇烈地改變了它的速度，也就是動量。這就意味著電子的位置與動量不可能同時準確地測量，二者之間存在測不準關係。這就告訴我們：量子世界變得非常奇妙，各種物理量都遵循著海森堡的測不準關係（或不確定原理），不存在嚴格的因果關係。

讀者也許會問：又是不確定又是沒有因果關係，這個世界不是亂套了嗎？然而事情並沒有想像的那麼壞，雖然我們對單個粒子（如電子）的行為只能預測其機率，但當樣本數量變得非常大時，機率統計就很有用了。我們沒法知道一個電子在螢幕上出現在什麼位置，但我們很有把握，當數以億計的電子穿過雙狹縫，它們會形成干涉圖像。這就好比保險公司沒法預測一個客戶在什麼時候死去，但它對一個城市的總死亡率是清楚的。

傳統觀念在人們思想中是根深蒂固的，連愛因斯坦這樣偉大的科學家也堅決反對統計描述方法。他認為，採用統計方法是量子理論不完備的表現。然而，傳統觀念的嚴格因果關係在量子世界中是不存在的，必須以一種統計性的解釋來取而代之，波函數 ψ 就是一種統計。電磁理論創始人馬克士威說：「這個世界的真正邏輯是機率計算」。德國科學哲學家賴興巴赫（Hans Reichenbach）更加尖銳地指出：「我們沒有權利把嚴格因果性推廣到微觀領域裡去。我們沒有理由假設分子是由嚴格規律所控制的，一個分子從同一個出發情況開始，後來可以進入各種不同的未來情況，即使拉普拉斯這樣的超人也不能預言分子的路徑。」只有有了不確定性、非因果性，人們才不會被限制在固定的模式中，才為自由創造打開了大門。

8.4.5
從化約論到系統論

牛頓力學和相對論中，認為整體等於部分之和，任何事物都可以不斷拆分到最小顆粒。世界就像一臺大機器，由眾多零件組成，可以不斷拆分。化約論（Reductionism）的核心理念在於「世界是由個體（部分）構成的。」認為部分清楚了整體也就清楚了。如果部分還不清楚，再繼續分解下去，直到弄清楚為止。人們在日常工作中，遇到複雜的任務要拆成子任務；企業組織管理要拆成若干職能部門甚至班組；生產單位使用流水線，每個位置只負責一個工作。諸如此類，依附於化約論的現象非常普遍，也確實發揮了正面作用。但是化約論忽略了個體差異和人的主觀能動性。

量子力學中，由於存在量子糾纏現象，可分割性被打破了。發生糾纏的量子不可以單獨描述，因為一個量子狀態發生變化後，其他量子的狀態也會隨之改變。量子世界是一個複雜系統，眾多要素相互作用和相互連繫，從而影響系統。系統產生並決定了部分，同時部分也包含系統的資訊並影響系統，這就是系統論（Systemique）的核心思維。

還原論和系統論是兩種截然不同的思維方式，前者強調自下而上，後者更強調自上而下。

從神學、牛頓力學、相對論到量子論，科學思維一次次被疊代刷新，這表明人類的認識過程是有方向性的，這種方向性使科學按照由簡單向複雜、由低級向高級、由宏觀向微觀的順序展開，並且都是以人為中心向縱深延伸的，一直伸向無窮遠處。

8.5 量子創新

8.5.1 量子力學發現時空是分立的，必須在非連續時空中討論粒子運動

古典力學認為世界本質是連續的，人們一直在連續時空中討論粒子的運動。但是，時間和空間究竟是連續的，還是分立的呢？量子論告訴我們，時空是分立的，其最小單位為普朗克時間和普朗克長度。

那麼分立的時空意味著什麼呢？它將意味著只有在最小時空單元或普朗克尺度之上的時間和空間概念才有物理意義。相應地，定義於時間和空間之中的一切物質運動也才有物理意義。同時，分立的時空也意味著我們所能測量到的最小長度將是普朗克長度 10^{-35} 公尺，而我們所能測量到的最短時間間隔將是普朗克時間 10^{-43} 秒。

因此，對於任何物質粒子，它於普朗克尺度下的存在狀態是沒有意義的。於是，粒子的存在狀態只能是粒子在一個時間單元內處於一個空間區域中。

現在，我們必須在分立時空中重新驗證粒子的運動。

在分立時空中，時間將被時間單元所取代，同樣，空間點也將被空間單元所取代。於是，粒子的非連續運動將成為

一種分立的跳躍運動，它的運動圖像為：粒子於一個時間單元停留在空間某個位置附近的一個空間單元內，然後在下一個時間單元出現在另一個位置附近的一個空間單元內；而在較長的一段時間內，粒子的運動表現將像雲一樣遍及整個空間，我們可以將這種雲稱為粒子雲。

量子力學將粒子在分立時空中的這種非連續的跳躍運動叫做量子運動。量子運動同時包含擴散過程和聚集過程，前者使粒子具有某種「侵略性」，粒子雲隨時間向更大的空間區域散開；後者使粒子具有某種「和平性」，粒子雲表現出向局部區域隨機聚集的趨勢。可以預計，量子運動的這兩種秉性——擴散與聚集將從根本上決定它的運動規律。

量子運動的擴散性質，以及它所形成的粒子雲的擴散行為很容易讓我們想起經典波（如水波）的行為，如池塘裡的一列波在傳播過程中不斷擴散。正是這種似波性導致了一個粒子可以同時通過雙狹縫，從而當大量粒子獨立通過雙狹縫後會產生出似波的干涉圖像。當然，我們必須注意，「量子似波」只是一種形象化的描述，它們在本質上是不同的，如經典波的傳播需要介質，而量子運動的似波表現只是單個粒子的行為。

量子運動的擴散規律將與波的傳播規律相類似。我們透過一定的數學分析發現，量子運動所形成的粒子雲可以用一個波函數來描述，並將它標記為今天很流行一個符號 ψ。波

函數 ψ 並不複雜，其幅度的平方 $|\psi|^2$ 正好是粒子雲的密度；同時，粒子雲的擴散行為也遵循一種波動方程式。這個方程式於 1926 年被奧地利科學家薛丁格所創立。至此，在我們探索量子的道路上，最重要的神祕「人物」已經出場，這就是大名鼎鼎的薛丁格波動方程式及其波函數，它們包含了量子運動最深刻、最精緻的描述。普朗克評價薛丁格方程式奠定了現代量子力學的基礎；波耳則認為波動方程式是這一時期登峰造極的事件。

8.5.2
量子力學第一次把機率概念引進物理學中，機率主宰著宇宙萬物

科學從牛頓和拉普拉斯的時代走來，光輝的成就讓人們深信它具有預測一切的能力。決定論認為，萬事萬物都已經由物理定律規定下來，連一個細節都不能更改。過去和未來都像已經寫好的劇本，宇宙的發展只能嚴格地按照這個劇本進行，無法跳出這個窠臼。

但是，決定論在 20 世紀遭到量子論的嚴重挑戰。1927 年玻恩提出了波函數的統計解釋。他認為，機率才是薛丁格波函數 ψ 的解釋，它代表的是一種隨機，一種機率，而絕不是薛丁格本人所理解的，是電子電荷在空間的實際分布。玻恩更準確地說，ψ 的平方代表了電子在某個地點出現的機率。電子本身不會像波那樣擴展開去，但它的出現機率則像

一個波，嚴格地按照 ψ 的分布所展開。電子的雙狹縫干涉實驗便是最好的證明。事實上，對於一個電子將會出現在螢幕上什麼地方，我們是一點頭緒都沒有的。多次重複我們的實驗，它有時出現在這裡，有時出現在那裡，完全不是一個確定的過程。過去，人們認為物理學統治整個宇宙，它的過去和未來，一切都盡在掌握。這已經成為物理學家心中深深的信仰。現在，量子論告訴我們，物理學不能確定粒子的行為，只能預言粒子出現的機率而已。無論如何，我們也沒有辦法確定粒子究竟會出現在什麼地方，我們只能猜想，粒子有 90% 的可能出現在這裡，10% 的可能出現在那裡。但究竟出現在哪裡，我們是無法確定的，只能由不確定的機率才能確定。機率？不確定？竟然主宰粒子的命運，這難道不是對整個物理學的挑戰嗎？

誠然，有時候為了方便，我們也會引進一些統計方法，比如處理大量的空氣分子運動時，但那是完全不同的一個問題。物理學家為了處理一些複雜計算，也會應用統計的捷徑。但是從理論上來說，只要我們了解每一個分子的狀態，我們完全可以嚴格地推算出整個系統的行為，分毫不差。然而量子力學不是這樣的，就算我們把分子的初始狀態測量得精確無比，就算我們擁有強大的計算能力，我們也不能預言分子最後的準確位置。這種不確定不是因為我們的計算能力不足而引起的，它是深藏在大自然自身的一種屬性。

總之，量子力學認為，對於一個微觀現象，我們不能確切地預言它的結果，只能給出出現某種結果的機率，而不作決定論的斷言。在這裡，機率的提出並不是因為觀察者的無知，或者理論本身的無能所導致的，而必須看作是大自然的一種本性；同時，人們也因此無法預測比機率更多的東西，並且當理論可以預測這些機率時，它就應被看作是完備的。這是一個極不尋常的理論創新，它向人們展示一個非因果、非決定論的量子世界，在這個世界中機率是本質的基本規律。

1986 年，著名的流體力學權威詹姆斯·萊特希爾（James Lighthill）爵士在英國皇家學會紀念牛頓《自然哲學的數學原理》發表三百週年的集會上做出了轟動一時的道歉：「現在我們都深深意識到，我們的前輩對牛頓力學的驚人成就是那樣崇拜，這使他們把它總結成一個可預言的系統。而且說實話，我們在 1960 年以前也大都傾向於相信這個說法，但現在我們知道這是錯誤的。我們以前曾經誤導了公眾，向他們宣傳說牛頓運動定律的系統是決定論的。但是這在 1960 年後已被證明不是真的。我們都願意在此向公眾表示道歉。」這意味著 1920 年代量子力學以及隨後的混沌動力學的興起，動搖了延綿幾百年的古典力學根基，表示著一個新時代的到來。

8.5.3
量子力學用一個不可觀察的波函數來描述粒子狀態，量子的所有祕密都濃縮在波函數中

在古典物理中，一般認為，自然界存在兩種不同的物質。一類物質可以定域於空間一個小區域中的實物粒子，其運動狀態可以由位置和動量（或速度）描述，其運動規律遵從牛頓力學原理。另一類物質是瀰散於整個空間中的輻射場，如電磁場，其運動狀態由電場強度和磁場強度描述，其運動規律遵從馬克士威方程組。

我們知道，物理學的發展總是離不開實驗的支持，實驗是檢驗物理理論是否正確的最終根據。物理學家一般認為，只有那些可觀察的物理量才是基本的，那些為了數學上的方便而引入、不可觀察的量不是基本的物理量，只不過是一種數學工具而已。在牛頓理論中的位置和動量；在電磁理論中的電場強度和磁場強度，它們在實驗中都是可以測量的，所以都是可觀察的基本物理量。然而，在量子力學中，這種情況發生了根本的改變，描述粒子運動狀態的物理量居然是無法觀測得到的，它就是波函數。這是一個既陌生又神祕的物理量，它突破了傳統思維的束縛。

量子力學是用來探索微觀粒子存在、運動與演化的客觀規律的。對於古典粒子，依據牛頓第二定律的運動方程式 F

$= ma$ 來演化，而量子粒子隨時間的演化遵循一個連續的波動方程式 —— 薛丁格方程式：

$$i\frac{h}{2\pi}\frac{\partial\psi}{\partial t}=H\psi$$

式中，i 為虛數符號，h 為普朗克常數，ψ 為波函數，H 為哈密頓算符。

由於波函數是複函數，它不是經典波（水波、聲波、電磁波），我們在實驗中是無法觀察波函數本身的。由薛丁格方程式可以解得一個自由粒子的運動，它可用波函數來描述：

$$\psi(x,t)=\exp\left[\frac{i}{\hbar}(px-Et)\right]$$

它是一個複數，式中 $p = mv$ 是粒子的動量，$E = p^2/2m$ 是粒子的能量，$\hbar = h/2\pi$。

請讀者注意式中的那個虛數單位 $i=\sqrt{-1}$ ，它在現實世界中不存在對應，表明波函數 ψ 是「不可觀察量」。讀者會問：式中的 p 和 E 難道不是「可觀察量」嗎？回答是「既是又不是」。在測量之前，它們在式中含有 i 的指數裡隱藏著，決定了 ψ 看不到，p 和 E 也看不到。但一旦測量時，它們便轉化為實際可觀察量。這一轉化過程是如實現的呢？量子力學告訴我們，是透過一個動量算符$\left(\hat{p}=-i\hbar\frac{\partial}{\partial x}\right)$作用到 ψ 上把

動量 p（或 E）取出來的。例如作用到自由粒子運動的波函數上，透過數學上求偏導數可得

$$-i\hbar\frac{\partial}{\partial x}\psi(x,t)=-i\hbar\lim_{\Delta x\to 0}\frac{\psi(x+\Delta(x,t))-\psi(x,t)}{\Delta x}$$

$$=p\psi(x,t)$$

它表示右端的 p 乃是一種轉換過程的結果：我們透過測量把原來看不見的 ψ 推一下，即讓它在空間「平移」一個小距離 Δx，然後把 ψ 的變化被 Δx 去除一下，可觀察的 p 便冒出來了。所以，人們常說：一個古典物理學中的物理量如 p，到了量子力學中便要化為一個算符 $\hat{p}=-i\hbar\frac{\partial}{\partial x}$。所以，有學者認為，量子力學好比是一座大廈，支持這座大廈的兩塊「基石」是波函數和算符。前者包括了量子運動所形成的全部資訊，後者將希爾伯特（David Hilbert）的算子理論引入量子力學中，把這一物理體系從數學上嚴格化。

面對神祕的波函數，它的物理意義是什麼？人們曾經為這個謎題所困擾。後來，玻恩首先發現了波函數與經驗之間的微妙連繫，他認為波函數只是一種存在於數學空間中的機率波，而非真實的波，我們只能透過數學語言與它交談。波函數絕對值的平方 $|\psi|^2$ 將代表在空間某區域中發現粒子的機率密度。玻恩後來回憶這一發現時說：「愛因斯坦的觀念又一次引導了我。他曾經把光波的振幅解釋為光子出現的機率密

度，從而使粒子和波的二象性成為可以理解的。這個觀念馬上可以推廣到波函數 ψ 上：$|\psi|^2$ 必須是電子（或其他粒子）出現的機率密度。」

波函數的演化遵循兩個過程：每當我們一觀測時，系統的波函數就塌縮了，按機率跳出來一個實際結果；如果不觀測，那它就是按照薛丁格方程式嚴格發展。這是兩種迥然不同的演化過程，後者是連續的，在數學上是可逆的、完全確定的，而前者卻是一個「塌縮」，它隨機、不可逆。比如，在電子雙狹縫干涉實驗中，每個電子落在螢幕上都是一次波函數塌縮。但是，這兩種過程是如何轉換的？又是什麼觸動了波函數的徹底塌縮，世界終於變成了現實？這些問題至今仍然是一個難以解釋的謎題。

波函數是數學上的抽象概念，而不是一種物理上的存在，因此波函數不受定域性的束縛，它是非定域性的，這個觀點與古典物理是格格不入的。在古典力學或日常生活中，人們習慣於「在確定的時間任何物質存在於空間的特定位置」。這個觀點反映了現實的真理，還是我們的思維方式受到了限制？實驗表明，在量子力學中，波函數可以有若干分支，分布在空間不同的地方。例如，在量子穿隧效應中，波函數遇到勢壘時，分成穿透勢壘部分和反射部分。在古典力學中，外部世界的任何物質都是定域的觀點在量子力學中被顛覆。

算符是量子力學的重要概念，但算符的使用，導致人們認識量子力學真正意義較為困難，下面用較通俗的語言介紹算符的基本概念，力求避免涉及過多的數學工具。

量子力學具有與古典力學不同的性質，我們需要採用算符來描述微觀粒子（體系）的物理量（或稱力學量）。從數學看，算符就是作用在一個函數上得到另一個函數的運算符號。例如，若算符 $\hat{F}$ 把函數 u 變為 v，即表示 $\hat{F}u=v$。同理，量子力學中算符表示對波函數的一種運算。如 $\frac{\mathrm{d}}{\mathrm{d}x}\psi(x)$，$\varDelta(x)\psi(x)$，$\psi^*(x)$ 等分別表示對波函數 $\psi(x)$ 求一階導數，乘以 $\varDelta(x)$，取複共軛等運算。

在所有物理量之中，能量是一個特殊的物理量，對應著系統的算符稱為哈密頓算符 $i\frac{h}{2\pi}\frac{\partial}{\partial t}=H$。從算符的角度看，薛丁格方程式只是一個簡單的恆等式：左邊是算符 $\left(i\frac{h}{2\pi}\frac{\partial}{\partial t}\right)$ 作用在波函數上，右邊等於算符 H 作用於同一個波函數上。

量子力學中採用的算符一般是線性算符，它的一個重要特徵是滿足線性迭疊加性質，或者說整體等於部分之和，這是因為量子力學中描述粒子狀態的波函數滿足線性疊加原理。對於任意兩個波函數 ψ_1 和 ψ_2，若算符 $\hat{F}$ 滿足下列運算規則

$$\hat{F}(c_1\psi_1+c_2\psi_2)=c_1\hat{F}\psi_1+c_2\hat{F}\psi_2$$

則稱 $\hat{F}$ 為線性算符，其中 c_1 和 c_2 是兩個任意常數。

在量子力學中，每一個物理量，包括位置、動量和能量

等，都需要用一個算符表示，所有物理量的計算都要透過其特定算符完成。算符成為量子力學大廈的一塊基石。

如果算符作用於波函數 $\varphi_n(x)$，結果等於 $\varphi_n(x)$ 乘上一個常數 λ，即

$$\hat{F}\varphi_n(x)=\lambda_n\varphi_n(x)$$

這就是算符 $\hat{F}$ 的特徵值（Eigenvalue）方程式，其中 λ_n 為 $\hat{F}$ 的特徵值，$\varphi_n(x)$ 為屬於 λ_n 的特徵波函數。對於量子體系的物理量算符 $\hat{F}$ 的每一次測量，總是 $\hat{F}$ 的諸特徵值中的一個，且每個特徵值以一定的機率出現。算符的諸特徵值組成一個無窮維的希爾伯特空間，而現實的物理世界是四維時空。算符給出了無限維空間和現實的四維空間之間的連繫。算符成為人們認識無限維空間的一種有效手段。

古典力學的物理量 F 一般可以由位置 r 及動量 p 確定，記為 $\hat{F}=\hat{F}(\hat{r},\hat{p})$，從古典力學的物理量 $F=F(r,p)$ 到量子力學的算符表示，可以看作是波耳對應原理在算符組成中的體現，因而帶有一般性。對應原理指出，在大量子數的極限情況下，量子體系的行為將漸近地趨於與古典力學體系相同。從量子力學的歷史形成來看，如果沒有古典與量子對應這一步驟，沒有古典力學的物理量與量子力學的算符相對應，那麼量子力學的建立勢必十分艱難。因而，我們認為，從古典力學到量子力學，一個重要的方面是在物理學上引

入算符表示法，這實質上是一場物理思想及其哲學思想的革命。

8.5.4
量子力學對一些古典物理量施加了一種應用限制，並提出了全新的物理量，不存在古典對應

在古典力學中一個粒子的位置（或座標）和動量（或速度）都是透過實驗可以同時精確測定的，所得的值都是實數。在量子力學中，人們不再能同時談論粒子的位置和速度，因為它們不能以任意精確度被同時測定。海森堡說：「粒子的位置測定得越精確，它的動量就知道得越不準確，反之亦然。」包立給出了一個更通俗的陳述，他說「一個人可以用 p 眼來看世界，也可以用 q 眼來看世界，但是當他睜開雙眼，他就會頭昏眼花了。」這裡，p 表示動量，q 表示位置。

根據海森堡的不確定原理，即使測量儀器是完全精確的，測量結果也會在一定的範圍內分布，而且這個分布總會滿足不確定性關係：$\Delta p \Delta q \geq h/4\pi$，其中 Δp 和 Δq 分別是測量 p 和測量 q 的誤差，h 是普朗克常數。讀者不要以為粒子原本具有確定的位置和動量，也不要把粒子的位置和動量的不確定性看成是測量手段帶來的誤差，更不要期待找到一種更聰明的方式來精確測量粒子的位置，又使其不干擾粒子的動量。

讀者會問：「如果粒子的位置和動量不能同時被精確測量，那麼粒子到底有沒有確定的位置和動量呢？」

首先必須明確，所謂「有確定的位置」，是指測量之前，還是測量之時。如果在測量之前，粒子狀態是用波函數描述的，粒子沒有確定的位置，除非波函數是位置算符的本徵態。如果是在測量之時，波函數「塌縮」到一個本徵態，就會在某個確定的位置發現該粒子，因此在每一次位置測量後的瞬間，粒子就有了確定的位置。

總而言之，對於上述問題，不能簡單地用「是」或「不是」來回答。完整的回答是：在測量之前，粒子通常沒有確定的位置，單次測量的結果將是不確定的。測量之後的瞬間，單個粒子有確定的位置；對大量粒子而言，每個粒子的位置可以是不同的，但是波函數模的二次方決定了粒子的空間位置的機率分布。

觸類旁通，不僅粒子的位置，而且「量子力學中的物理量有確定的值嗎？」，問題答案是相同的。

對於這樣的回答，很多古典物理學家（包括愛因斯坦）和讀者似乎感到困惑徬徨，正如波耳的名言：「誰要是不為量子理論感到震驚，那是因為他還不了解量子理論。」的確如此，因為量子理論牽涉到我們的世界觀與方法論的根本變革。

電子自旋首先出現在量子論中，它是一個全新的物理量。1922 年，德國物理學家斯特恩（Otto Stern）和格拉赫（Walther Gerlach）完成了在量子力學歷史上的一個開創性的實驗，發現了電子自旋，這是一個重大發現。量子力學中的許多物理量如位置、動量、能量等，在古典力學中都有對應，但電子自旋則完全沒有古典對應的物理量。

1928 年，狄拉克提出了相對論性波動方程式，從理論上導出，不但電子存在自旋，中子、質子、光子等所有微觀粒子都存在自旋。粒子自旋不能理解為粒子的自轉造成的。不僅電子，所有微觀粒子自旋都是粒子內稟自由度，是量子力學中全新的物理量。古典粒子沒有自旋，微觀粒子自旋沒有古典的對應物。

在古典力學中，自旋是一個很好理解的物理概念，就是物體繞自身的中心軸產生的自旋現象。如陀螺旋轉、行星自轉等，這些都是能夠看得見摸得著的實體運動。量子力學認為，電子自旋是電子的基本性質之一，就像電子的電荷、質量等物理量一樣，也是描述微觀粒子固有屬性的物理量，它是電子內稟運動。因此，對電子自旋不能用古典力學中的自旋去理解。

電子自旋概念的出現是古典力學與量子力學的分水嶺，其重要意義不言而喻。按照量子力學對電子自旋的描述是：

(1) 電子自旋為 1/2 自旋

即它必須旋轉 2 圈才會回到原來的狀態，因而定義電子自旋為 1/2 的粒子，如圖 8.2 所示。

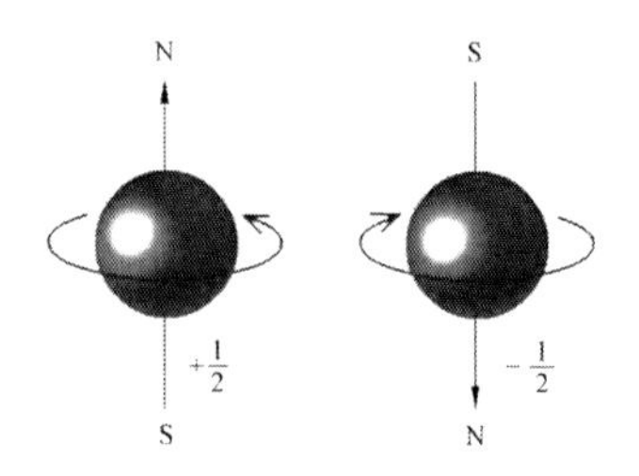

圖 8.2 電子自旋

電子存在 1/2 自旋形式，即電子自旋 720°才算旋轉一週，這樣的自旋形態在宏觀自然界還不存在。於是，量子力學認為，電子自旋是電子的「內稟」屬性，它與自然界中的地球自轉形式不同，是一種量子效應的自旋。

(2) 電子自旋有磁矩

這種磁矩可以透過多種實驗觀察，是一個實在的物理量，如圖 8.3 所示。

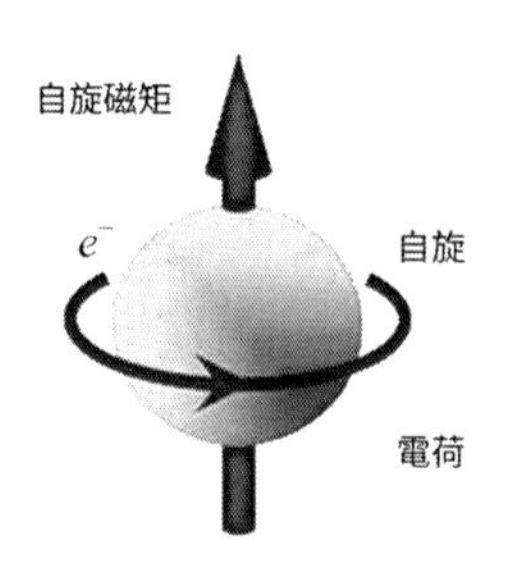

圖 8.3 自旋磁矩

(3) 電子自旋只能處於兩種自旋狀態

即上旋或下旋，可以類比於電荷的正負。

費曼認為，對自旋的量子力學描述可以作為範例，推廣到所有量子力學現象。

電子自旋就像一個「物理小天使」，給量子力學的完善、發展和應用帶來一片光明！隨後的原子理論、超導理論、核磁共振、量子資訊技術等無不展現自旋磁矩的風采。

Chapter9
量子力學的哲學啟示

量子力學在哪裡？你不正沉浸於其中嗎！跟我們形影不離的手機、居家必備的 Wi-Fi、醫院體檢的核磁共振、做美容的雷射……都是基於量子力學的基本原理。今日人們所使用的大多數科技產品之中，都能夠找到量子的影子。

量子力學的成就雖然明顯，但為什麼在大眾心中還是迷霧重重？這是因為微觀世界出現的現象經常是不直覺的。例如，量子疊加、量子糾纏、量子穿隧效應等，對於我們司空見慣的宏觀現象來說，大不一樣。對於這些問題，不光普通的人，即使是學過物理的人，也並非都能真正理解或者接受量子觀念。

9.1 只有量子化，沒有連續性
—— 離散物質觀

根據牛頓力學，描述一個系統的狀態，一般需要三個物理量：位置、動量和能量，並且這些量都是連續變化的。比如，從高處墜落的小球，一飛沖天的火箭，不斷流淌的溪水……牛頓的微積分便是建立在連續性假設的基礎之上，成為描述運動與變化的強大工具。看來，連續性擋住了我們的去路。我們必須承認物體的運動是連續的，物體性質的變化也是連續的。然而，大自然並不輕易顯露它的奧祕，真理總是隱藏在深處。

1900 年，德國物理學家普朗克發現物體的能量在發射和吸收的時候，不是連續不斷的，而是分成一份份的。即能量不可無限細分，它擁有最小單位 —— 能量量子。量子的發現，打破了一切自然過程都是連續的古典定論，第一次向人們展示自然的一種本性 —— 分立性或非連續性。

後來，進一步的研究發現時間和空間也是不連續的，也是量子化的。時空流逝就像放電影一樣，一幀幀疊加起來，看上去是連續的，實際上是以人類察覺不到的微小單元在前進。量子力學把不連續性看作是物理世界的內稟屬性，徹底顛覆人類的物質觀。

9.2 只有機率，沒有因果 —— 機率統計觀

因果觀是哲學的重要內容，一件事情的發生，怎麼會沒有原因呢？古典力學強調「因果決定論」，認為一切「果」都是之前種下的「因」造成的。昨天種種是今日種種的原因，明天種種是今日的結果，複製原因，就能再現結果，宇宙本身不過是一條原因和結果的無窮鏈條。大科學家拉普拉斯有句名言：宇宙像時鐘那樣運行，某一時刻宇宙的完整資訊能夠決定它在未來和過去任意時刻的狀態。這就是著名的因果決定論。

然而，量子力學只說機率，不談因果。比如，你從家到學校的路只有一條，我只要在這條路上等待就一定可以遇見你。而在量子世界裡，從家到學校的路有好多條，我找個地方等待，能不能遇見你就說不準了，因為我只能得到你從這裡經過的機率。

對於一個微觀粒子，在量子世界中，我們無法確定該粒子在哪裡出現，我們只能確定它在某處出現的機率是多少，即只能用機率來預測粒子可能出現的位置。當我們說「粒子出現在某處」時，我們並不知道這個事件的「原因」是什麼，它是一個完全隨機的過程，沒有因果關係。

這樣，最終的問題是：世界到底是由什麼來支配的？是決定論，還是機率論？從牛頓時代開始的 3 個世紀裡，因果決定論作為一種準則，指導人們的行為，並在諸多領域取得了開創性的成就。但是，現在我們面對的是更加複雜的自然和社會現象，多變量、多維度導致世界很大的不確定性。世界變得不再和之前那樣因果之間有著確定不移的關係。大自然的一切規律都是統計性的，古典因果律只是機率統計規律的極限。

9.3 測得準這個，就測不準那個
── 不確定世界觀

在古典力學中，粒子的位置（或座標）和動量（或速度）可以同時測定，互不影響。例如，飛機來了，雷達可以把飛機的位置和速度都準確測定。

在量子力學中，海森堡的不確定性原理指出，人們無法同時精確地獲取粒子的位置和動量。位置與動量變化是此消彼長的關係 ── 位置變化越小，動量變化就越大；動量變化越小，位置變化就越大。所以，體現出的就是位置和動量無法同時精確獲得。

那麼，為什麼微觀粒子會呈現這種不確定性呢？海森堡的解釋是：如果要想測定一個粒子的精確位置的話，我們就需要用波長盡量短的光去照射粒子，而波長越短，頻率就越高，光波的能量也就越大。因此，高能量的光子撞擊到被測量的粒子上，就會干擾粒子的速度，導致無法獲得其精確的速度資訊。同理，如果想要精確地測量一個粒子的速度，我們就要用波長較長的光去照射粒子，那就不能精確測定它的位置。

在此，量子力學帶來世界觀的根本變革，就是既想測得研究對象的某個物理量，又不能對研究對象造成影響是不可能的。不確定性原理斷言：量子的位置與動量無法同時精確獲取，這不是由於測量儀器不夠完善，更不是由於實驗操作有任何失誤所造成的。

不確性原理表明粒子的位置和動量「不共戴天」，只要一個越準確，另一個就越模糊。海森堡很快發現能量和時間也是如此，時間測量得愈準確，能量就會起伏不定。各種成對（共軛）的物理量都遵循海森堡的這種不確定性原理，這是理論限制，而不是實驗導致的誤差，不管科技多發達都一樣。在量子力學中，不確定性原理是一個基本原則，所有理論都要在它的監督下才能取得合法性。

不確定性原理開啟了一種新的思維去認識世界和處理問題。不確定的世界促使我們去創造，在變革中適應環境；不確定的世界充滿無限奧祕，吸收著人類的好奇心，去不斷探索;不確定的世界沒有絕對真理，留給人類無限思考的空間，賦予人類智慧永恆的意義。試想，如果宇宙的奧祕都被前人完全搞清楚了，後人就只能無所事事，失去了存在的必要和意義。

9.4 我似粒子，也似波——互補世界觀

在古典力學中，研究對象總是被明確區分為「純」粒子和「純」波動。前者存在於空間的某個位置，後者存在於廣泛空間。但在量子力學中，微觀物質具有波粒二象性，我們必須同時把握量子的粒子性和波動性，才能對客體有全面的了解，忽略二者的任何一面，得到的都是殘缺資訊，波耳把這一現象上升為一條哲學原理，即互補原理。他認為，粒子圖像和波動圖像是對同一個微觀客體的兩種互補描述，任何一幅單獨的古典實在圖像，如粒子或波都無法提供關於微觀現象的完備說明，這種互補性質就好像同一枚硬幣的兩面，在任何時刻，我們只能看見其中的一面，不能同時看到兩面，但只有硬幣的正反兩面都被一一看到後，才能說我們對此硬幣有了完整的認識。

波耳的互補原理，儘管提出開始是出於對波粒二象性的認識，促進了量子力學的發展，但後來波耳又將這一原理向其他自然領域乃至人文領域作了推廣，使它成為普遍哲學意義的科學原理。

9.5 粒子是實在，還是幽靈
—— 測量創造實在觀

測量，在古典力學中，這不是一個被特別考慮的問題。正如愛因斯坦所說：「月亮是因為我們觀測才存在於那裡，這是不可能的。不管有沒有人觀測，月亮也好，電子也好，都應該遵循物理學的法則，處於某一確定位置。」這句話反映出愛因斯坦所秉持的客觀實在論：客體獨立於觀測者，與觀測者所採取的觀測方法無關。實在論堅持即使無人賞月，月亮依舊存在，與觀測者無關。用哲學術語來說，就是主客體相互獨立，相互之間不存在不可分割的連繫，主體可以在客體之外去認識客體，同時不對客體產生影響。

在量子世界中，情況就完全不同。因為我們測量的對象（如電子）是如此微小，以致我們的介入對其產生了極大的干預，導致測量中充滿了不確定性，從原則上都無法克服。例如，一個自由電子，如果沒有觀測者的觀測，它將處於某種左旋和右旋的疊加態，即一種電子自旋屬性不確定的狀態。也就是說，這時候討論電子是左旋還是右旋是沒有意義的。但是你一旦觀測，得到的不是左旋電子就是右旋電子。也就是說，我們觀測一下，電子才變成實在，不然就是個幽靈。按照哥本哈根派解釋，不觀測的時候，根本沒有實在！自然也就沒有實在電子，只存在我們與電子之間的觀測關係。

換言之，不存在一個客觀的、絕對的世界，唯一存在的，就是我們能夠觀測到的世界。任何事物都只有結合一個特定的觀測手段，才談得上具體意義。事實上，沒有一個脫離於觀測而存在的「絕對實在」，測量行為創造了整個世界！

量子世界是一個自由的世界，歷史事件並不必然影響未來的事件，它們沒有因果關係；量子世界是一個充滿不確定性的世界，人們無法準確地預測每一次觀測的結果，只能計算出某一種結果的機率；量子世界是一切皆有可能疊加的世界，量子態是可以疊加，可以任意組合的，破除了宏觀物體的狀態非此即彼的邏輯觀念；量子世界是一個大量粒子彼此糾纏不清的世界，我們可以透過測量一個粒子而改變另一個很遙遠的粒子的量子狀態，否定了古典世界的定域實在性。所有這些思想，不僅影響，甚至革新了人類的世界觀。

Chapter10
量子力學的困惑

量子力學雖然獲得了巨大的成功，但也留下了一些困惑，例如，波函數塌縮內在的機制是什麼？波函數是物質波還是機率波？為什麼「測量決定命運」？困惑表明量子力學的路仍未走到盡頭，我們還要努力地上下求索，去走完剩下的路。

10.1「薛丁格貓悖論」有沒有結案

我們在前面曾經介紹，薛丁格於 1935 年提出了一個思想實驗（後人稱之為薛丁格貓）來質疑哥本哈根詮釋的正確性，這就是著名的「薛丁格貓悖論」。這個悖論涉及量子力學兩個重要的基本問題，一個是疊加態，另一個是測量。

下面我們簡單重申一下薛丁格的思想實驗：把一隻貓關在封閉的箱子裡面，箱內放置一個毒藥瓶，瓶的開關由一個放射性原子控制，當此原子處於激發態（記為 $|\uparrow\rangle$）時，瓶子是關閉的，貓未受到毒藥的損害，是活的；而當原子躍遷到基態（記為 $|\downarrow\rangle$）後，伴隨有光子釋放出來，它將啟動瓶的開關裝置，毒藥被釋放出來，貓就會被毒死。薛丁格用下列波函數來描述（貓＋原子）這個複合體系：

$$|\psi| = \alpha|\text{活貓}\rangle\,|\uparrow\rangle + \beta|\text{死貓}\rangle\,|\downarrow\rangle$$

其中

$$|\alpha|^2+|\beta|^2=1$$

按波函數的統計解釋，$|\alpha|^2$ 表示原子處於激發態而貓是活的機率，$|\beta|^2$ 表示原子處於基態而貓是死了的機率。換言之，波函數 $|\psi|$ 代表貓是處於又死又活的疊加狀態。而在宏觀世界中，貓非死即活，二者必居其一。因此，量子力學的統計詮釋有悖日常生活經驗，是難以讓人接受的。同樣，在古典力學中，一個粒子不在一點 x_1，就在另一點 x_2（定域性）。對「又死又活的貓」或「粒子既在點 x_1，又在點 x_2」的疊加態說法都是很難理解的。薛丁格以及不少物理學家認為，這樣的荒謬結果證明了量子力學是不完備的。

按照量子力學的正統理論（即哥本哈根詮釋），當我們不去測量的時候，世界萬事萬物都是處在不確定的疊加態，一切都不能避免。一旦測量就立刻把波函數「塌縮」了，按照機率選擇一個實際的結果。也就是說，必須有一個「測量儀器」才能把「又死又活」的疊加態「塌縮」為「死貓」或「活貓」兩者之一。否則，萬事萬物都是疊加態，客觀世界就沒有什麼東西可以處於確定的狀態。因此根據哥本哈根詮釋，那就必須假定世界存在著一個完全服從古典力學的「絕對測量儀器」，把波函數徹底「塌縮」。然而，測量儀器的行為是不服從薛丁格方程的，只要用到測量儀器就必須用古典力學來處理，薛丁格方程必須迴避。

「薛丁格貓悖論」提醒物理學家，薛丁格方程式不能用來描述測量儀器，它不是「放之四海而皆準」的真理。物理學家溫伯格（Steven Weinberg）認為：「這顯然是令人不滿的。如果量子力學適用於一切，那麼它也必須適用於物理學家所使用的測量儀器，以及物理學家本身。而在另一方面，如果量子力學不適用於所有的事物，那麼我們需要知道在哪裡劃出其有效範圍的邊界。量子力學只適用於不太大的系統嗎？如果測量是用某種設備自動進行的，而且沒有人去讀取結果，量子力學在這種情況下適用嗎？」只有在回答溫伯格提出這個深刻的理論問題之後，「薛丁格貓悖論」才可結案。

10.2 波函數是物質波還是機率波

在量子力學中最令人困惑的概念是波函教。人們最常提出的問題就是波函數到底是什麼？德布羅意和薛丁格認為波函數是一種真實的物質波，它引導粒子運動，並決定粒子在空間的運動軌跡。玻恩卻提出波函數的統計解釋，認為粒子的運動遵循機率定律，而機率本身則按因果律傳播。波函數究竟是物質波還是機率波？這兩種看法誰對誰錯？或者兩者都對？

大家知道，在薛丁格方程式中，電子的運動狀態是由一個波函數來描述的，它隨時間的變化遵循一個連續的波動方程式。薛丁格認為，波現象是基本的，是構成世界的基礎，而粒子則是波的聚集 —— 波包。但是，根據薛丁格方程式，波包隨時間的演化會發生擴散，從而明顯與粒子的穩定性不相符合，因此這種解釋不能成立。

面對神祕的波函數，玻恩認為，波函數只是一種存於數學空間中的機率波，而不是如它的發現者 —— 薛丁格所認為的那樣，是存在於真實空間中的物質波。為了說明波函數如何與粒子連繫起來，玻恩利用薛丁格方程式來解決量子力學中的穩定散射問題。在此過程中他發現，波函數絕對值的平方將代表在空間某區域中出現粒子的機率，即波函數是一種機率波而非真實的波，它只是數學符號，並不具備任何物理內容。這樣，機率波發生塌縮是容易理解的，因為這種塌縮只是數學函數的塌縮，並沒有把瀰漫在空間的物質收縮在某處。反之，如果波函數是一種物質波，那麼無法解釋波函數塌縮的行為，因為瀰漫在空間的物質不可能在瞬間收縮在某處。

然而，即使玻恩斷言粒子的運動遵循機率安排，卻不能解釋「為什麼粒子不得不服從這種機率安排」。為了解釋這個問題，就必須假定粒子受到波函數的某種「作用」。例如，在雙狹縫干涉實驗中，波函數在到達雙狹縫時分成兩個部分，分別通過左右兩個狹縫，再匯聚在一起，於是發生干涉現象，在某些位置發現粒子的機率很大，而在另外某些位置發現粒子的機率幾乎是零。粒子為什麼會被那些機率大的位置所吸引，同時又被那些機率幾乎是零的位置所排斥呢？這只能理解為粒子受到了波函數的某種作用，這種作用在古典力學中是沒有的。所以波函數應具備某種實在的物理內容，也就是說它是物質波，它的存在迫使粒子不得不服從它的機率安排。正如，水波、光波（電磁波）、聲波等都可以發生干涉現象，因為它們都是物質波。

參考文獻 [11] 作者丁鄂江提出了量子力學「三階段論」，即量子力學對於微觀粒子運動的描述，有這樣的三個階段：

- **第一階段**：根據粒子的初始條件確定這個粒子的初始波函數。
- **第二階段**：由薛丁格方程計算波函數隨時間的演化。
- **第三階段**：用儀器測量粒子物理量（如位置、速度等）的最終結果。

「三階段論」認為，在波函數演化階段，它應是物質波；但在測量階段，波函數發生塌縮，它應是機率波。這說明量子力學中的波函數不僅是數學函數，同時也是物理實在。所以，波函數既是機率波又是物質波。至於為什麼波函數會同時具有機率波與物質波兩種互相矛盾的本質，這個問題至今沒有確定的答案，仍然使物理學家感到困惑。

10.3 誰塌縮了波函數

古典力學和量子力學在描述物理過程時的一個最重要區別是，古典力學描述粒子的運動，而量子力學描述波函數的演化。哥本哈根派認為，波函數的演化有兩種方式：

1. 不測量時，波函數依照薛丁格方程式嚴格發展。
2. 測量時，波函數就塌縮，按機率給出一個實際的結果。

但對波函數如何塌縮？何時塌縮？為什麼會塌縮？卻沒有給出一個明確的回答。因此，關於波函數塌縮的解釋歷來是科學家爭論的焦點。

狄拉克認為，波函數塌縮是自然隨意選擇的結果，他說：「自然將隨意選擇它喜歡的一個分支，因為量子力學理論給出的唯一資訊只是選擇任一分支的機率。」而海森堡則認為，只有觀察者才能夠導致波函數塌縮，從而將量子貓從又死又活的狀態中解救出來。波耳則強調測量只需要古典儀器，與觀察者無關，古典儀器足以解救這隻量子貓。

那麼，究竟是誰塌縮了神祕的波函數呢？1932 年，「電腦之父」約翰·馮紐曼（John von Neumann）給出了一個驚人的答案：意識導致波函數塌縮。他在其著作《量子力學的數學基礎》中，明確地給出了波函數塌縮這個概念，並且認為導致波函數塌縮的可能原因是觀察者的意識。約翰·馮紐曼認為，量子理論不僅適用於微觀粒子，也適用於測量儀器。於是，當我們用儀器去「觀測」的時候，也會把儀器本身捲入這個模糊疊加態中間去。假如我們再用儀器 B 去測量儀器 A，好，現在儀器 A 的波函數又塌縮了，它的狀態變成確定。可是儀器 B 又陷入模糊不確定中……總而言之，當我們用儀器去測量儀器，整個鏈條的最後一臺儀器總是處在不確定狀態中，這叫做「無限迴歸」（Infinite regression）。從另一個角度看，假如我們把測量的儀器也加入整個系統中，這個大系統的波函數就從未徹底塌縮過！

可是，當我們看到儀器報告的結果後，這個過程就結束了，我們自己不會處於什麼模糊疊加態中。奇怪，為什麼用儀器來測量就得疊加，而人來觀察就得到確定結果呢？約翰·馮紐曼認為人類意識的參與才是波函數塌縮的原因。

然而，究竟什麼才是「意識」？它獨立於物質嗎？它服從物理定律嗎？這帶來的問題比波函數本身還要多得多，這是一個得不償失的解釋。

那麼，有沒有辦法繞過所謂的「塌縮」，波函數無須「塌縮」呢？ 1957 年，美國學者艾佛雷特（Hugh Everett III）提出了「平行宇宙論」，這就是量子力學的「多世界解釋」。

按照這個解釋，對量子狀態的測量並不是從各種可能的結果中隨機地選出一個結果；相反地，測量之後各種可能的結果都仍然存在。至於為什麼我們只觀察到一種結果，其原因是每當發生一次測量時，世界就分裂一次，測量過程把世界分成「多個世界」，每一個世界只觀察到其中一種結果，每個觀察者僅僅在自己的世界裡。我們只能觀察到我們所在的世界中的結果，而觀察不到別的世界裡的結果，但沒有理由假定另外的結果沒有出現過。

這樣一來，薛丁格的貓也不必再為死活問題困擾。只不過世界分裂成了兩個，一個有活貓，一個有死貓罷了。對於那個活貓的世界，貓是一直活著的，不存在死活疊加的問題。對於死貓世界，貓在分裂的那一刻就實實在在地死了，也無須等人們打開箱子才「塌縮」，從而蓋棺定論。

多世界解釋的最大優點，就是不使用薛丁格方程式無法導出的「波函數塌縮」這一假設。然而，從多世界解釋很容易推出一個怪論：一個人永遠不會死去！在死和活的不斷分裂中，總有一個分支是活的，所以人總在某個世界中活著。這個怪論被美其名曰「量子永生」。由此看來，戰場上的士兵也不必害怕敵人的子彈了，即使在這個世界中彈了，在另一世界卻不會中彈，還會繼續活下去。怎麼感覺越來越像神學了？

多世界解釋只不過用宇宙分裂來代替波函數塌縮而已，但正如正統哥本哈根解釋不能告訴我們波函數為什麼，以及何時發生塌縮一樣，多世界解釋也不能告訴我們宇宙為什麼，以及何時會發生分裂。

誰塌縮了波函數？答案仍然隱藏在黑暗中。「塌縮」就像是一個美麗理論上的一道醜陋疤痕，它雲遮霧繞、似是而非、模糊不清，每個人都各持己見，為此爭論不休。

克卜勒推算出天體運行規律後，被人們認為是大逆不道。他奮筆疾書：「大事已告成，書已寫出，可能當代就有人讀它，也可能後世才有人讀它，甚至要等一個世紀才有一個讀者，這我就管不著了。」普朗克發現了量子，當初不被人理解，甚至沒有一個人相信這個新觀念。他一人在荒郊野外對天長嘆，我的發現要麼荒誕無稽，要麼就是牛頓。

任何科學發現都是超前的，只有經過一段漫長的時間的考驗後仍然屹立不倒，才能最終被載入史冊。1905 年，愛因斯坦創立了相對論，他提出質能互換公式 $E = mc^2$。1945 年第一顆原子彈爆炸，證實了愛氏發現超前 40 年。量子力學創立將近 100 年，歲月已將它磨礪成一個完美的成熟的理論體系，在各個領域內都取得了巨大成功，足以成為不朽的經典。如果有人片面強調理論上的某些「困惑」而否定量子力學，這種極端的態度是不可取的。面對任何困惑，科學家都不會望而卻步。恰好相反，這些困惑將激勵他們更加努力地尋找答案，繼續他們對真理的不懈追求。

Chapter11
夢幻的超算天才 —— 量子計算

量子電腦（Quantum Computer）是一種遵循量子力學規律進行高速數學和邏輯運算、儲存及處理量子資訊的物理裝置。下面討論六個問題。

11.1 古典電腦發展的瓶頸

根據摩爾定律，積體電路上電晶體的數目每隔 18-24 個月增加一倍，其性能也相應增加一倍。目前電晶體越做越小，已經把技術推進到 7nm，5nm，甚至 3nm（奈米）。現在每個晶片上的電晶體數已經超過了 10 億大關，一個電晶體的尺寸比一個流感病毒還要小，達到原子數只有幾十個，甚至十幾個的程度。但是隨著晶片集成度的不斷提高，電路中間的阻隔變得越來越薄，到了原子級別，電子會發生穿隧效應，它會來回亂跑，你不能精確地定義高低電壓，也就是無法控制電子開關到底是開著還是關著 —— 記錄為「0」還是「1」。這就是通常說的摩爾定律碰到天花板，它不可能無限期持續下去。隨著元器件尺寸的不斷縮小，在奈米尺度下，晶片單位體積內散熱也相應增加，就會因「熱耗效應」產生計算上限。總之，古典電腦離極限越來越近了，如果繼續沿著這條路走下去，計算能力很快就要達到終點。

在微觀體系下，電子遵守的是量子力學規律而不是傳統（牛頓）力學的規律。電子的活動有時像粒子，但有時又像波，這就是量子效應。於是，科學家們提出乾脆在量子效應的基礎上研製量子電腦。早在 1959 年 12 月，美國物理學家費曼就發表了一個題為「底層的充足空間」的著名演說，他指出今後古典電腦的發展方向就是量子電腦。在演說結束時，他說：「當我們達到這一非常微小的世界，比如七個原子組成的電路時，我們會發現許多新的現象，這些現象代表著全新的設計機遇。微觀世界的原子與宏觀世界的其他物質的行為完全不同，因為它們遵循的是量子力學的規則。這樣一來，當我們進入微觀世界對其中的原子進行操控時，是在遵循著不同的規律，因而可以期待實現以前實現不了的目標。我們可以用不同的製造方法。不僅可以使用原子層級的電路，也可以使用包含量子化能量級的某個系統，或者量子化自旋的交互作用。」

僅半個世紀後，我們已經進入到「七個原子組成的電路」這一層級。因此，基於量子特性來研發量子電腦也是時候了！

11.2 古典電腦與量子電腦的比較

古典電腦是利用電磁規律，透過操控電子來進行相關的計算。量子電腦是遵循量子力學規律，對微觀粒子的量子狀態進行精確調控的一種新型計算模式。古典電腦是編譯在一個宏觀體系上的，主要用低電壓和高電壓來表示 0 和 1。量子電腦是編譯在量子實體（單原子或電子、光子）上的，可以用電子的上下自旋狀態表示 0 和 1。古典電腦的資訊單元是位元（bit），它只能處於 0 或 1 的二進制狀態。量子電腦的資訊單元是量子位元（qubit），基於疊加原理，量子位元不僅可以表示 0 或 1，還可以同時表示 0 和 1 的線性組合。兩種計算設備的計算單元，在物理結構上有著明顯的差異。

相比之下，量子電腦的優勢是儲存更大、運算更快。量子儲存突破的關鍵技術是量子疊加性；量子速度突破的關鍵技術在於量子演化並行性。

透過前面的討論告訴我們，一個古典位元只能表示一個數：要麼 0，要麼 1，但一個量子位元可以同時儲存 0 和 1，那麼兩個古典位元可以儲存 00，01，10，11 四個數中的一個，而兩個量子位元可以同時儲存以上四個數，按照此規律推算到 n 個量子位元可以儲存 2^n 個數，而 n 個古典位元只能儲存其中的 1 個數。由此可見，量子記憶體的儲存能力是呈指數增長的，是古典記憶體的 2^n 倍。如果 n 很大，假設 $n = 250$ 時，量子電腦能夠儲存的數據比整個宇宙中所有原子的數目還要多，也就是說，即使把宇宙中所有原子都用來造成一臺古典電腦，也比不上一臺量子位元為 250 位的量子電腦。兩種電腦的儲存能力會有如此大的差異，根本原因就是量子疊加帶來編碼方式的變革。

為了提高計算速度，經典電腦依靠相關器件的堆疊和主頻的提升來實現。從最初的單核上升到多核，主頻從 486 處理器提升到現在的 2.××GHz，甚至到 3.8GHz 等。這種透過提升資源的方式來提高運算速度是不可持續的。量子電腦是並行運算，在實施一次的運算中可以同時對 2^n 個不同處理器進行並行操作，因此量子電腦可以節省大量的計算資源。另外，借助量子糾纏可以讓量子位元中的數據保持同步，不要消耗額外的資源來維護運算中數據的同步。

量子電腦的前景固然光明，可是落實應用還要排除一系列的技術障礙，未來將是古典電腦和量子電腦搭配使用，古典電腦解決普通問題，量子電腦解決大數據、大運算量的一類問題。

11.3 量子電腦的物理體系

數十年來，科技界一直努力尋找量子電腦的物理實現，即電腦不再由傳統電晶體簡單的開關操作來提供動力，而是由量子力學的特殊物理特性來提供動力。目前提出的量子電腦的物理體系有多種方案，包括超導、半導體量子點、離子阱（Ion Trap）、量子光學和量子拓撲。各種方案的優缺點是：

1. 超導方案的優點是電路設計定製的可控性強、可擴展性好，可依託成熟的現有積體電路技術。有待突破點是極為苛刻（超低溫）的物理環境；克服熱耗散和退相干。
2. 半導體量子點方案的優點是可擴展性良好，易集成，與現有半導體晶片技術完全兼容。缺點是退相干與保真度不足。
3. 離子阱方案的優點是量子位元的品質高，相干時間較長，量子位元製備和讀取效率高。缺點是儲存量少，可擴展性差，小型化難。
4. 量子光學方案的優點是相干時間長，操控手段簡單，擴展性好，與光纖和光子積體電路技術相容。需要突破點是兩量子位元之間的邏輯閘操作難。
5. 量子拓撲方案的優點是對環境干擾、噪聲和雜質有很大的抵抗能力。缺點是尚停留在理論層面，無器件化實現。

學術界和業界雖然進行了多種方案的研究，並取得了一定進展，但仍然沒有實現技術路線收斂。目前進展最快最好的技術方案是超導電路和量子光學方案。

11.4 量子電腦的實用標準及原理樣機研製

21 世紀初，IBM 公司研究人員大衛·迪文森佐（David Divincenzo）提出量子電腦實用化的五個標準：

1. 可程式撰寫的量子位元。
2. 量子位元有足夠的相干時間。
3. 量子位元可以初始化。
4. 可實現通用的量子邏輯閘集合。
5. 量子位元可被測量讀出。

目前量子電腦研究的重點是把理論研究帶出實驗室，進行技術驗證和原理樣機研究，雖然真正達到實用化標準的量子電腦尚未出現，但出現了一些指標成果，如圖 11.1 所示。

圖 11.1 量子電腦研究成果

下面對「量子霸權」（也稱「量子優勢」）作一解讀。量子霸權不是指外交霸權或軍事霸權，它是一個學術定義，指量子電腦發展到某一個階段。科學家提出量子電腦的發展要經歷三個階段：

- **第一階段**：量子霸權。它是指能夠造出一臺在某個特定問題上超越古典電腦的量子電腦，其物理位元要達到 50 個以上，我們希望未來的兩、三年內能夠達到這個目標。2019 年 Google 的量子處理器能在 3 分 20 秒內，完成全球排名第一的超級電腦 Summit，需要 1 萬年才能完成的計算。難怪網路上有媒體報導：量子電腦橫空出世，200 秒等於 10,000 年！但 Google 即使取得「量子優勢」，也僅限於某個特定領域，距離更大範圍的應用以及完全商用化還有很長的路要走。
- **第二階段**：實用量子模擬器（Quantum stimulator），其物理位元要達到數百個。未來 5 ～ 10 年，我們希望實現一些有實用價值的量子模擬器，可以應用於新材料設計、新藥開發、組合優化、機器學習以及大數據處理等。
- **第三階段**：通用可編碼的量子電腦，其物理位元要達到數億個。這是最終、最困難的目標，它的運算速度可以按指數甚至雙指數數量級提升，人類將進入超算時代，整個社會就會發生翻天覆地的變化。

2020 年 12 月 14 日國際學術期刊《科學》公布，中國科學技術大學潘建偉、陸朝陽教授團隊，成功構建 76 個光子的量子電腦原型機「九章」，從而問鼎全球最快電腦！

「九章」量子電腦處理「高斯玻色採樣」（Gaussian boson sampling,GBS）問題，只需 200 秒，而目前世界最快的日本超級電腦「富岳」需要 6 億年，比其快 100 萬億倍。200 秒只是短短一瞬，6 億年早已是滄海桑田。

如果都和超級電腦比的話，「九章」等效地比 2019 年 10 月美國 Google 發布的 53 個超導位元量子電腦原型機「懸鈴木」還要快 100 億倍。「九章」的優勢在於它產生的狀態空間比 Google 大得多，約為 10 的 30 次方，而「懸鈴木」的狀態空間約為 10 的 16 次方。另外，與 Google 採用－ 273℃的超導線圈產生量子位元不同，潘建偉團隊用光子實現量子計算，大部分實驗過程都是在常溫下進行。

「九章」令人矚目的成就，引發國際科學界與媒體的高度關注。《自然》雜誌發表題為〈中國物理學家挑戰 Google「量子優越性」〉的報導說：「中國科學家使用雷射束進行了一項數學上被證明在普通電腦幾乎不可能完成的計算。」「該團隊在幾分鐘內就完成了現在最好的超級電腦需要地球一半年齡才能完成的任務，且與 Google 去年發佈的 53 個超導量子位元量子電腦原型機的硬體路徑不同。」英國倫敦帝國理工學院物理學家伊恩·沃姆斯利（Ian Walmsley）說：「這無疑是一個了不起的實驗，也是一個重要的里程碑。」

不管「九章」量子電腦原型機還是「懸鈴木」量子電腦原型機，都是「單一」用途的原型機，而非通用原型機，不能解決所有計算問題，只能解決某一類數學難題。比如，「九章」是針對解決「高斯玻色採樣」問題，而「懸鈴木」是針對解決「隨機路線採樣」問題。這些數學難題，如果用古典電腦去計算，動輒都要用上億年也算不出結果。目前只有美國和中國有能力研發量子電腦原型機。

11.5 量子電腦的基本功能

大家知道，量子電腦的能力是所有現有的電腦組合加起來都無法匹敵的。雖然現在量子電腦還處於低級發展階段，但將來一旦研製成功，必將顛覆現有的計算世界，一定會給人類帶來又一次影響深遠的資訊革命。與古典電腦相比，量子電腦具有四種基本功能：

11.5.1 量子模擬

量子電腦對複雜系統建模模擬，能有效地揭示複雜系統的內在規律。比如透過複雜分子建模仿真縮短化學藥品開發的時間。尋求開發新藥和新物質的科學家，常需要了解分子的精確結構，以確定其特性，以及理清分子之間的化學反應和相互關係。但是即使相對簡單的分子也很難用古典電腦準確地建模，而量子電腦得天獨厚，其物理本質上就非常適合解決這個問題，因為分子內原子的相互作用本身就是一個量子系統。專家認為，實際上量子電腦甚至可以對人體中最複雜的分子進行建模。因此在這個方向上的每一個進展都將推動新藥和新產品的更快發展，並帶來變革性的新療法，從而開創醫療保健的新紀元。

11.5.2 量子優化

量子電腦以前所未有的速度解決複雜系統的多變量超參數的優化問題。古典電腦在多變量的情況下，每當更改變量時都必須進行一次新的運算，一次只能處理一組輸入和一個計算的，因此每個計算都是透過單一的路徑而得到的單一結果。而量子電腦對數據處理是並行計算的，每次計算可以同時透過大量的並行路徑，在處理多變量問題時，運算速度變得極快，它能在很小範圍內提供多種可能的結果。相比古典電腦的單一結果而言，量子電腦能更快地逼近答案，大大縮短尋求最優解決方案所需的時間。比如，量子電腦透過金融數據模擬方式，幫助金融服務業進行更好的投資，隔離重大的國際金融風險；甚至可以透過全球物流體系的分析，尋找最佳路徑，優化供應鏈和物流路線。

11.5.3 量子人工智慧

人工智慧要學會像人腦一樣處理問題，必須預先用大數據進行訓練，而古典大數據要轉換成量子數據，需要龐大的算力，古典電腦難以扛起這個重任。比如要實現自動駕駛汽車，就要使用人工智慧教會汽車作出關鍵的駕駛決策。例如何時轉彎？在哪裡加速或減速？如何避開其他車輛和行人？這些訓練都需要一系列密集的計算，隨著數據的增加以及變量之間更複雜關係的增加，使得計算變得越來越困難。這樣的訓練需求可能會使當今世界上最快的電腦連續工作數天甚至數月。而量子電腦能夠同時執行多個變量的複雜計算，因此它們可以指數級地加速這類人工智慧系統的訓練，推動自動駕駛汽車時代的快速到來！

11.5.4 量子質因數分解

首先，舉一個簡單的例子來說明質因數分解的過程。下面求解整數 $N = 1529$ 的質因數分解。

傳統解法：

$$1529 \div 3 = 509 \cdots\cdots \text{餘} 2$$
$$1529 \div 5 = 305 \cdots\cdots \text{餘} 4$$
$$1529 \div 7 = 218 \cdots\cdots \text{餘} 3$$
$$1529 \div 11 = 139 \cdots\cdots \text{餘} 0$$

所以，N 被拆成兩個質數（11 與 139）相乘，即 $11 \times 139 = 1529$。

量子解法：

首先，把除數用二進制表示為

3 = 0011；5 = 0101；7 = 0111；11 = 1011，構成一個量子態：

$$|\varphi_1\rangle = \frac{1}{2}(|0011\rangle + |0101\rangle + |0111\rangle + |1011\rangle)$$

—— 四個除數形成的量子疊加態，而且其中 4 個量子位元是糾纏的。

再將被除數用二進制表示為

$$1529 = 10111111001$$

定義一個新的量子態：

$$|\varphi_2\rangle = |10111111001\rangle$$

—— 本徵態，其中各量子位元都是糾纏的。

大數量子態除以除數的量子態：

$$|\varphi_2\rangle \div |\varphi_1\rangle = |1001\rangle$$

—— 直接得出一個沒有餘數的量子態。

總之，知道一個大數是兩個質數的乘積求出具體兩個質數，這樣的大數分解問題是一個難題，但是把兩個質數乘起來就簡單很多。比如大數 $N = 10{,}104{,}547$ 是兩個質數 p，q 的乘積，把 N 分解為 2,789 和 3,623 這兩個質數，比起把它們乘起來就耗時很多。RSA 公鑰密碼系統的安全性就是基於這樣的原理，這個系統廣泛使用在銀行和網際網路。

現在可以回答這樣的問題：為什麼量子電腦會對現行密碼系統構成嚴重威脅？這是因為傳統密碼系統對電腦的計算能力的依賴。1995 年，電腦科學家秀爾（Shor）給出了一個大數質因子分解的量子算法，它能在幾秒內破譯古典電腦幾個月也無法破譯的密碼。這是一個革命性的突破，表明「量子之下無密碼」。在量子電腦面前，不光銀行內的資訊，而且所有系統的加密資訊都被輕鬆破解。因此，量子電腦的發展將促進人們尋找更好的加密技術來保護人類最基本的線上服務。

11.6 量子電腦發展的困境

量子電腦的強大功能和重大的策略意義讓我們充滿憧憬，可是落實應用依舊長路漫漫，還要解決一系列的現實困境。要真正做出有實用價值的量子電腦，需要滿足三個基本條件：量子晶片、量子編碼和量子算法，它們分別實現量子電腦的物理系統（即硬體）、確保計算可靠（即量子相干）的處理系統和提高運算速度的量子算法（即軟體）。

首先，設計一種可以在真實環境中製造和運行的量子計算設備是一項重大的技術挑戰。現在的量子計算平臺需要冷卻至極低溫度。一般來說，平臺需要在約 0.1K 即－ 273.05℃的溫度下運行，否則儲存在量子位元於中的量子資訊就會很快丟失，而達到這種溫度需要非常昂貴的成本和嚴苛的製冷技術，這就是量子晶片遲遲無法突破的原因。

環境溫度一直是困擾量子電腦得到大規模應用的難題之一。最近，來自新南威爾斯大學的 Andrew Dzurak 教授領導的團隊已經在一定程度上解決了這個問題。2019 年 2 月，Dzurak 教授公布了他們的實驗結果：在溫度高於 1K（－272.15℃）的矽基量子計算平臺上進行了原理驗證性實驗。Dzurak 解釋說：「雖然這仍是一個非常低的溫度，但是僅用幾千美元的製冷價值就可以達到這個溫度，而不是將晶片冷卻到 0.1K，那將需要數百萬美元。雖然用我們的日常溫度概念很難解釋，但是這種增加在量子世界中是極端的。」他還表示：「我們的新成果為量子電腦從實驗設備到價格合理的量子電腦開闢了一條道路，可以在現實世界的商業和政府中得以應用。」隨著溫度上升到 1K 以上，成本將大大降低，效率將顯著提升。此外，使用矽基平臺也是很有吸引力的選擇，因為這將有利於量子硬體（即晶片）使用古典硬體現有的積體電路技術。

量子晶片是量子電腦的核心部件，已經成為美國、歐盟、日本等科技強國角逐的重中之重。專家認為，現在量子晶片的水準與 1960 年代電腦技術相似。再過 5 ～ 10 年，我們可能有了在實際溫度下工作的量子積體電路，那將是邁向未來量子計算平臺的一大步。

其次，量子電腦之所以能快速高效地並行計算，除了因為量子疊加性之外，還因為量子相干性。相干性是指量子之間的特殊連繫，利用它可以從一個或多個量子狀態推出其他量子態。比如兩個電子發生正向碰撞，若觀測到其中一個電子是向左自旋的，那麼根據能量守恆定律，另一個電子必是向右自旋的。這兩個電子所存在的這種連繫就是量子相干性。若某串量子位元是彼此相干的，則可把此串量子位元視為協同運行的同一整體，對其中某一位元的處理就會影響到其他位元的運行狀態，正所謂牽一髮而動全身。量子電腦之所以能快速、高效率地運算就緣於此。因為，長時間地保持足夠多的量子位元的相干性，同時又能夠在這個時間之內做出足夠多的具有高精度的量子邏輯操作，才能確保量子計算的可靠性。

但是，量子位元不是一個孤立的系統，它會與外部環境發生相互作用，導致量子相干性的衰減，即消相干（也稱退相干）。因此，要使量子電腦成為現實，一個核心問題就是克服消相干。而量子編碼是迄今發現的克服消相干最有效的方法。

最後，目前能用於量子計算的算法還十分稀少，只有大數質因子分解的秀爾算法和大數搜尋的斯特勒（Steane）算法。如果不能提出更多的指數級增加的量子算法，就不能充分發揮量子電腦強大的物理威力，那麼量子電腦的功能就會大打折扣。

綜上所述，相比人工智慧 70 年的發展歷程，量子電腦相對更加年輕。1980 年代才正式提出量子電腦的概念，經過前十年的穩步發展，現在開始加速發展，逐漸走出困境。目前各種量子計算路線和物理方案紛紛提出，量子位元數目你追我趕，如果說人工智慧大器晚成，量子電腦則風華正茂，人類社會有望不久將進入量子電腦時代！

Chapter12
資訊絕對安全的保障 —— 量子密碼

與古典通訊密碼系統不同，量子通訊的安全性依賴於量子力學屬性，如量子糾纏、量子不可複製和量子不可測量等，而不是依賴數學的複雜度理論。

12.1 RSA 密碼系統

衡量密碼系統安全與否的標準，在於破解者需要花費多少時間以及多少成本。如果破解所需要的成本明顯高於該資訊的價值，或者破解所需要的時間超過該密鑰的壽命，這個密碼系統就被認可。當整數 N 增大時，分解質因數所需要的電腦時間呈指數增加，密碼就很難破解，因此 RSA 密碼系統被認為是安全的。目前 RSA 密碼系統仍然被廣泛應用。這個系統（見圖 12.1）用一把鑰匙給信件加密，用另一把鑰匙解密。加密的鑰匙稱「公鑰」，而解密的鑰匙稱「私鑰」。公鑰是公開的，不僅通訊的雙方有，竊聽者也可以得到。私鑰不需要傳遞，因此第三方無法在甲乙雙方通訊過程中截獲。

假設甲方要向乙方發送資訊，RSA 密碼系統透過以下四個步驟完成通訊：

1. 甲乙雙方約定一個數學函數 $A = F(a)$。這個數學函數可以公開，所以竊密者可以獲取。
2. 乙方先確定自己的私鑰 a，並且用這把私鑰透過數學函

數 $A = F\ (a)$ 計算出公鑰 A，然後把公鑰透過公開頻道通知甲方。

3. 甲方就用公鑰 A 給信件加密，把加密後的密文透過公開頻道發給乙方。
4. 乙方用私鑰 a 把收到的密文解密，得到明文。

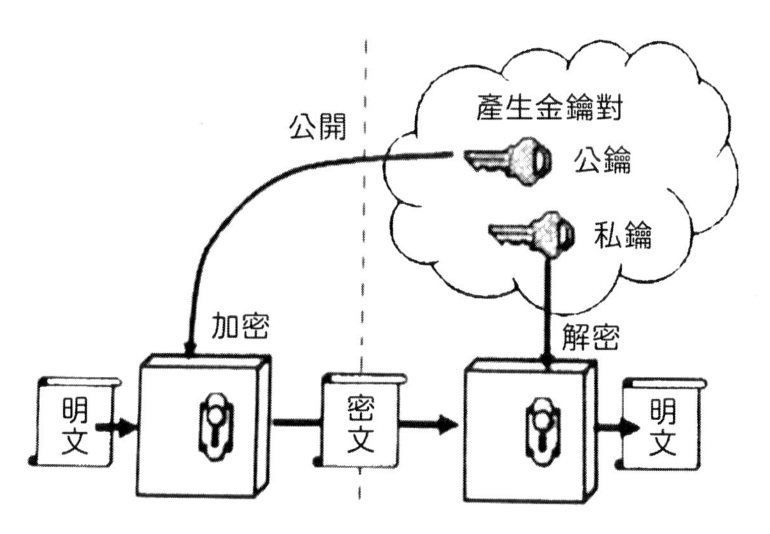

圖 12.1 加密通訊示意圖

如上所述，在 RSA 密碼系統中，首先要由收信方選擇私鑰，生成公鑰，並且通知發信方。當甲方要向乙方發送資訊時，乙方可以用自己的私鑰 a 解密。竊密者只有可能得到公鑰，但是沒有私鑰，因此無法像乙方那樣解密。反過來，如果乙方要向甲方發信，就需要甲方先確定自己的私鑰 b，再用這把私鑰透過一個數學函數 $B = F\ (b)$，計算出公鑰 B，

然後甲方把公鑰 B 給乙方。乙方用公鑰 B 加密後，把密文發給甲方，甲方用私鑰 b 解密。顯然，RSA 系統完全避免了「密鑰分發」過程中私鑰被第三方竊取。

讀者可能會認為，既然竊密者已經知道了公鑰 A，根據數學函數 $A = F\ (a)$，他就有可能從公鑰 A 反解出私鑰 a，於是竊密者就可以解密了。從理論上說是這樣，然而實踐上未必行得通。有許多數學函數，正問題很容易解，但是反問題的求解卻很困難。公開密鑰算法來自於數論，這是基於計算複雜度上的難題。由兩個大質數求得乘積易如反掌，但是反過來，從一個大數分解質因數則極其困難。

基於大質數原理的加密、解密和數位簽名算法（RSA 密碼系統）已經成為線上安全不可缺少的部分。我們每天上網和進行線上交易的時候，全靠它們的保護才使得駭客無法順利地竊取我們的隱私資訊。

12.2 量子密鑰分發

大家知道，我們幾乎時時刻刻都在使用密碼，如解鎖、登錄、轉帳等。怎樣才能實現無法破解的密碼，以保證通訊與交易的安全呢？其實，早在 1917 年就有人提出，只要實現「一次一密」的方式就能夠做到這一點。也就是說，每次傳遞資訊的長度跟密碼的長度一致，並且密碼只能用一次，這樣肯定是安全的。但這在現實生活中是根本做不到的。

因為「一次一密」要消耗大量「密鑰」，需要甲乙雙方不斷地更新密碼，而密碼的傳送本質是不安全的。那麼是否有什麼辦法可以確保密鑰發送是安全的？有，這就是「量子密鑰分發」。

我們知道，傳統密鑰是基於某些數學算法的計算複雜度，但隨著計算能力的不斷提升，傳統密鑰破譯的可能性與日俱增。1995 年，美國學者秀爾提出了大數質因數分解算法，有望在量子電腦上實現，就有可能高效率地分解質因數，於是古典電腦上 RSA 密碼系統就會被迅速破解，那時正在使用 RSA 密碼系統的銀行、網際網路和電子商務等部門的資訊安全將受到嚴重威脅。量子力學的發展為人們尋找更加安全的密鑰提供了可能性。量子密鑰是依據量子力學的基本特性（如量子糾纏、量子不可複製和量子不可測量等）來確保密鑰安全，這是它比傳統密鑰所具有的獨特優勢。另外一個優點是無須保存「密碼」，只是在甲乙雙方需要實施保密通訊時，實時地進行量子密鑰分發，然後使用這個被確認的安全的密鑰實現「一次一密」的古典保密通訊，這樣可避免保存密碼的安全隱患。

量子密鑰分發（QKD）的過程大致如下：單個光子通常作為偏振或相位自由度的量子位元，可以把欲傳遞的 0，1 隨機數編碼到這個量子疊加態上。比如，事先約定，光子的圓偏振代表 1，線偏振代表 0。光源發出一個光子，甲方隨機地將每個光子分別製備成圓偏振態或線偏振態，然後發給合法用戶乙方。乙方接收到光子，為確認它的偏振態（即 0 或 1），便隨機地採用圓偏光或線偏光的檢偏器（analyzer）測量。如果檢偏器的類型恰好與被測的光子偏振態一致，則測出的隨機數與甲方所編碼的隨機數必然相同。否則，乙方所測得的隨機數就與甲方發射的不同。乙方把甲方發射來的光子逐一測量，記錄下測量的結果。然後乙方經由公開頻道告訴甲方他所採用的檢偏器類型。這時甲方便能知道乙方檢測時哪些光子被正確地檢測，哪些未被正確地檢測，可能出錯，於是告訴乙方僅留下正確的檢測結果作密鑰，這樣雙方就擁有完全一致的 0，1 隨機數序列。

如果有竊聽者在此過程中企圖騙取這個密鑰，他有兩種策略：一是將甲方發來的量子位元進行複製，然後發給乙方。但量子的不可複製性確保竊聽者無法複製出正確的量子位元序列，因而他無法獲取最終的密鑰。另一種是竊聽者隨機地選擇檢偏器，測量每個量子位元所編碼的隨機數，然後將測量後的量子位元冒充甲方的量子位元發送給乙方。按照量子力學原理，測量必然干擾量子態，因此，這個「冒充」的量子位元與原始的量子位元可能不一樣，這就導致甲乙雙方最終形成的隨機序列出現誤差，他們經由隨機對比，只要發現位元錯誤率異常高，超過了閾值，便知道有竊聽者存在，此時警報響起，停止密鑰分發，已發的密鑰棄之不用。只有確認無竊聽者存在，其密鑰才是安全的。接下來便可用此安全密鑰進行「一次一密」的古典保密通訊。

Chapter13
超越古典測量極限的技術
—— 量子精密測量

測量是科學實驗的根基，而測量需要計量工具。古時候，人們用尺、秤等進行長度和重量的測量。有了測量工具很多事情不僅方便而且規範，正所謂，無規矩不成方圓。不過，無論尺還是秤都會存在一定的誤差。後來人們借助於電子技術，製造出許多測量精度很高的工具來減少測量誤差，比如從秤到電子秤。人們還可以透過改進測量方法來提高測量的準確度，比如多次測量求平均數。但是，不管測量工具如何精密，測量方法如何先進，在宏觀測量手段下，仍舊有無法避免的測量誤差，存在理論上所說的古典測量極限。這個極限給科學研究帶來很多問題。

近年來，基於量子技術的發展，為人們解決這一問題提供了新的思考。科學研究工作者根據量子力學特性，特別是量子糾纏和量子疊加等特性，應用於物理量的測量取得了突破性的進展。我們不再受古典測量的極限限制，可以更進一步提高測量的精度，為人類解鎖自然界的奧祕揭開了嶄新的一頁。

下面以原子鐘和量子感測器為例，討論它們背後的量子力學。

13.1 原子鐘

關於時間，人們有很多的思考。文學家這樣說時間：「莫等閒，白了少年頭，空悲切。」告誡人們對轉瞬即逝永不再來的時間要十分珍惜。在日常生活中，守時也是一種美好的品德。不過，如果彼此約定的時間不能有一個統一的標準，品德再怎麼高尚的人也很難做到守時。於是，人們發明了很多工具來計量時間，比如日晷，透過物體的影子來推算時間；又如手錶，透過精密機械內部的彼此配合來表達時間；再如電子錶，利用電子技術來確定時間，時間的精度更高。到了 20 世紀，出現了石英鐘，1 年的時間誤差僅為 1 秒左右。這樣的誤差對我們的生活已經不存在什麼影響。但是，在愛因斯坦的相對論中，重力場會引起時間和空間的彎曲，這樣的話，在海拔較高的聖母峰的時間，就會和海拔較低地方的時間存在較大的差異，這對於時間精準度要求較高的科學研究來說是無法接受的。

終於，科學家們把目光投向了原子鐘。原子譜線的頻率是確定的，不會隨著地域、歷史而改變。美國研製的原子鐘的時間精準度達到了數萬年誤差僅為 1 秒。美國的 GPS、中國的北導航系統，其依賴的最根本的技術就是對時間的精確測量 —— 原子鐘。比如，衛星定位一輛車在什麼地方，需要利用三到四顆衛星發射無線電波來測量車輛與衛星之間的距離，從而實現定位。當車輛移動 1 公尺的時候，這個移動距離引起的無線電波傳播時間的變化是極其微小的。因為無線電波是以光速傳播，其傳播速度約等於每秒 30 萬公里。這個微小的時間變化，沒有精確度極高的時鐘是無法測量的。有了幾百萬年誤差只有 1 秒的原子鐘，全球定位系統的精準度就能達到 10 公尺，甚至於 1 公尺。這樣，就可以準確測定車輛在哪裡，就有了精確的 Google 地圖、高德地圖等。

時間是最重要的物理量，人類對時間精準度的提高貫穿整個歷史。利用量子新技術，人們可以將時間的測量標準達到前所未有的新高度。美國科學瓦恩蘭（Wineland）等在實驗上利用離子阱中兩個糾纏的離子，可以進一步提高時間測量的精準度，不僅能提高 GPS 精準度，甚至可以直接用來探測重力波和暗物質。

13.2 量子感測器

近年來，人們基於量子疊加和量子糾纏等量子力學特性，對環境變化非常敏感，製造出更加精確、靈敏的裝置，以實現對被測系統的物理量的功能變換和資訊輸出，這就是量子感測器。

在量子感測器中，外界環境如溫度、壓力、電磁場直接與電子、光子等量子體系發生相互作用，改變它們的量子狀態，最終透過對這些改變後的量子態進行檢測，從而實現對外部環境的高靈敏度測量。因此，這些電子、光子等量子體系就是一把高靈敏度的量子「尺」。一般來說，物理系統總是受到噪音的影響，因而，我們對於物理量的測量精準度總是受到噪音的限制。利用量子技術就可以壓縮噪聲的干擾，進而達到海森堡測量極限。

量子感測器的應用極其廣泛，其範圍涵蓋空間探測、國防軍事、生物醫療、地質勘測、災害預防等領域。例如，在交通運輸和導航中，需要即時了解各種交通工具的準確位置資訊及狀況，對汽車、火車和飛機的定位和導航精度被嚴格要求在 10 公分以內，並隨時監測到公分級的危險路況。此外，量子感測器還必須具備在諸如水下、地下和建築體等導航衛星觸及不到的地方，工作的能力。

隨著人類操控量子的能力迅速發展，利用量子特性對環境的異常敏感，量子感測器能探測到來自周圍世界的各種微弱信號，這不僅有助於更深層次的物理規律的發現，更有其應用上的特殊需求。例如，對微小壓力測量、精準重力測量、無線頻譜測量、微弱磁場測量以及生物資訊測量等，不僅非常精確，而且靈敏度很高。這些研究正處於應用的前夜。

Chapter14
走向未來的技術 —— 量子人工智慧

14.1 行動革命

網路是資訊傳輸的基礎，四處延伸的電話線、網路線連接到我們的電腦和話機等終端設備上。這些實物的電線組成的網路在連接這個世界的同時，也網住了這個世界，人們被縱橫交錯的線路束縛了。

能不能去掉線的束縛呢？隨著科技的發展，物理網路由有線變為無線，終端的束縛終於去掉了。從有線到無線，從有形到無形，是網際網路帶來的一個巨大變化，其背後是對人性束縛的極大解放。

與有線網路相比，無線網路具有可移動、不受時間與空間的限制、不受線纜的限制，低成本、易安裝等優勢。以前需要複雜的布線，而如今僅需一臺無線訊號發射器；以前要依賴個人電腦（PC），如今人們可利用任何配有無線終端接收器的設備，在任何時間、任何地域、任何設備上便捷地連結網路。

今天，行動網路對固定網路的顛覆，行動終端（如智慧手機、平板電腦）對傳統電腦 PC 的衝擊，行動操作系統對桌面操作系統的取代，大大地推動了社會的進步，方便了人們的生活。固定網路時代曾經輝煌的公司，如英特爾（PC 處理器的王者）和微軟（PC 軟體的代名詞）的強大組合，已經度過了最頂峰的時期，光環逐漸黯淡，在行動革命時代失去了昔日風采。

行動網路、行動終端和行動應用構成的行動網際網路行業，正在共同譜寫著人類發展歷史中前所未有的篇章，推動著產品和行業的更新換代。我們要看清方向，順應潮流，跟上世界變化的步伐，把握行動革命時代賦予的機遇。

- **第一代（1G）行動網路時代**：行動設備是「大哥大」，它讓我們開闊了視野，但設備太貴，行動通訊只不過是固定通訊的一個補充。
- **第二代（2G）行動網路時代**：行動設備大幅度降價，人們手裡有了手機，可以隨時隨地與親朋或客戶聯繫。這時候，我們的聯繫方式主要是打電話和發簡訊。
- **第三代（3G）行動網路時代**：靠增加頻寬的方式來提高數據傳遞速率，數據取代了話音。今日我們可以透過手機看影片、傳 LINE、聽音樂、玩遊戲、發語音留言……這些功能都是數據業務，它正在取代語音業務成為主流應用。
- **第四代（4G）行動網路時代**：還是用增加頻寬的方式來提高傳輸速率。人們感知到的傳輸速率從 Kbps 數量級提升到 Mbps 數量級，促進了高速行動網路的普及。現在，有多少人出門時帶著 PC 的？但是，幾乎所有人出門的時候都會帶上手機。因為手機 APP 已經完成相當多原本

PC 應用的功能。除了日常生活中手機 APP 逐漸取代 PC 應用之外，手機 APP 在商業上的應用也被廣泛認可。可以說，手機 APP 取代 PC 應用的戰役已經全面打響了。

- **第五代（5G）行動網路時代**：它的特點是大頻寬、低延時、廣連接。5G 網速比 4G 快 100 倍，網路延時僅僅 1 毫秒。4G 時代，手機可以連網，電腦可以連網，但是汽車不能，冰箱不能，空調也不能。5G 時代，網路不僅無處不在，還無所不包。我們日常使用的物品都能夠連接網路，實現萬物互連，這就是物聯網。5G 將迎來一個萬物互連的數位世界，所有的轉換都要為數位化讓路。誰掌握了物聯網領域的主動權，誰就能夠站在風口，一飛沖天。

行動革命推動下一代技術革命 —— 智慧革命，人工智慧領域的大部分技術都起源於行動世界。從無人駕駛汽車到智慧機器人都得益於行動革命。

14.2 人工智慧

什麼是人工智慧（Artificial Inelligence,AI）？由非生物生命方法產生的智慧統稱為人工智慧。從本質上講，人工智慧是對人腦思維的模擬，該模擬可以從兩條路徑展開：一是結構模擬，仿照人腦結構機制，製造出「類人腦」的機器；二是功能模擬，暫時撇開人腦的內部結構，從人腦的功能過程進行模擬。電腦的快速發展大大推動了對人腦思維功能、資訊處理過程的模擬，為人工智慧奠定了技術基礎。

- 知識獲取 —— 需要依靠大數據。
- 自主學習 —— 需要依靠先進的機器學習算法。
- 大規模計算 —— 需要依靠高性能的超級電腦。

三者所包含的具體內容及其作用可以表述如下。

14.2.1 數據是人工智慧的「生產資料」

大數據時代的到來，奠定了人工智慧的前提基礎，為 AI 的算法訓練累積了源源不斷的糧草，深度神經網路學習算法透過挖掘海量數據，快速累積經驗，歸納關連、總結規律、獲取知識。

14.2.2 算法是人工智慧的「生產模式」

2006 年開啟了深度學習、強化學習的不斷疊代，提高了機器自主學習的能力，促進 AI 的學習模式從有監督式學習演化為半監督式、無監督式學習。以多層神經網路為主流的深度學習算法為面向海量數據、複雜場景的算法訓練和落地應用提供了強大的算法支持，深度學習被廣泛應用於自然語言處理、語音處理、電腦視覺、生物識別等領域，成為人工智慧應用落實的核心引擎，促進 AI 與商業場景的深度結合。

14.2.3 算力是人工智慧的「生產工具」

在摩爾定律推動下，算力不斷升級再升級。晶片處理能力和雲端運算技術的迅速發展，目前已可以整合成千上萬臺電腦開展並行計算，使得低成本的大規模並行計算變成現實。GPU、NPU、FPGA 以及各種各樣的 AI － PU 人工智慧專用晶片的發展，更是提高了 AI 的快速海量數據計算能力，推動人類深層神經網路的算法模型得以實施。

數據、算法、算力作為 AI 的三大支柱，將在 AI 的廣泛應用獲得反哺，勢必產生「滾雪球」效應，進一步累積更大量級的數據、更優方式的算法和更高速度的算力。為此，AI 的底層支柱與上層應用構建起彼此支撐、互相發展的良性循環。

現代人工智慧已不斷向各行各業滲透、融合，推動實體經濟的發展。從產業應用角度來看，植入人工智慧技術的產業空間不斷被打開，目前有兩種應用模式：

1. 人工智慧企業提供「AI+」解決方案或平臺服務。
2. 傳統企業主動「+AI」，引進人工智慧技術。

無論什麼產業加上人工智慧就能形成一個新產業，或者原有產業以新的形態出現。當然，並非每個企業都要從事人工智慧產品本身的製造，更多時候是利用 AI 改造原有產業。

14.3 量子人工智慧

AI 發展要經歷三個階段：

1. **弱人工智慧**：AI 只能從事單一工作，如無人駕駛、金融交易、法律諮商等。AlphaGo 只會下棋，問路就不行了。
2. **強人工智慧**：人類從事的體力勞動和腦力勞動 AI 都可以做，各個方面工作 AI 都能和人類並駕齊驅。
3. **超人工智慧**：AI 超過人類的思維能力，在幾乎任何領域都比最聰明的人類頭腦還要聰明，如科技創新、社交技能等。

我們現在所處的位置是一個充滿弱人工智慧的世界。專家預測強人工智慧出現時間為 2040 年；超人工智慧預計 2060 年到來。

人類要實現超人工智慧有兩個前提條件 —— 高品質的大數據和強大的電腦能力。這是因為機器獲得智慧的方式和人類不同，它不是靠邏輯推理，而是靠大數據和智慧算法。而智慧算法能夠實現則要求電腦的運算能力按指數級增加，機器智慧才會超過人類。

目前全世界擁有的數據量是 3000 個 ZB（皆位元組或 2^{70} 個字節），光維持數據運轉需要的電費約 2,500 億元人民幣。全球數據呈爆炸式增加，每年產生的數據需要用數百億個容量為 1TB（兆位元組或 2^{40} 個字節）硬碟來儲存。大數據持續增加要求耗能必須降下來。出路在哪裡？未來只用指甲大小的量子記憶體就能將人類幾百年的資訊儲存進去。因此，研發高密度、低耗能的量子記憶體為我們利用大數據提供了似乎無限的想像空間。

在能夠產生大數據，也能夠儲存這些大數據之後，還有一個問題必須解決，那就是這些大數據的處理技術要有所突破，這裡的重點在於電腦的速度。1965 年，英特爾的創始人之一高登·摩爾在觀察了電腦硬體的發展規律後，提出了著名的摩爾定律。該定律認為，電腦處理器的速度每 18 個月翻一倍。回顧電腦硬體的發展歷史，基本符合摩爾定律。經過半個多世紀的發展，電腦的性能已經非常強大。中美兩國最強大的超級電腦每秒能夠進行超過 100 億億次的計算。然而，仍然有大量的實際應用問題，是這些電腦解決不了的。

比如，把一個大的整數分解成質數的乘積就是一個不可計算的問題。

在摩爾時代，為了提高電腦的性能，一般是靠加大電晶體的整合程度。可能不到十年，傳統晶片的尺寸會縮小到原子數量級（幾個奈米）。這時，量子穿隧效應開始顯著，電子受到束縛減小，晶片功能降低，耗能提高，CPU 已逼近物理極限，摩爾定律面臨失效。人類要提高電腦的速度，就要利用量子世界特有的定律。量子電腦借助量子的疊加狀態來實現古典電腦無法實現的並行計算，資訊處理能力超強，沒有熱耗，所需要的數據量更少，更容易模擬深度神經網路。1964 年，電腦科學家秀爾給出了一個大數質因子分解的量子算法，證明了如果量子電腦能夠製造出來，整數的分解就是可計算問題。它能在幾秒內破解古典電腦幾個月無法破解的密碼，這是一個革命性的突破。

量子電腦強大的運算能力，可以幫助解決機器學習領域的許多難題，在一定程度上改變 AI。從邏輯上來說，人工智慧改變的是計算的終極目的，顛覆了傳統計算的工作方式；而量子計算改變了計算的原理，顛覆了傳統計算的來源。毫無疑問，二者未來必然是相互支撐的，複雜的超 AI 需要龐大的算力，當傳統計算不足以支撐一個今天還無法想像的智慧體時，量子計算必須扛起這個重任。著名電腦科學家姚期智認為：「如果能夠把量子計算和 AI 結合在一起，我們可能做出連大自然都沒有想到的事情。」如果說神奇的那一天還很遠，那麼近年來量子計算與 AI 的結合已經陸續發生。比如，Google 人工智慧量子團隊在 2018 年提出了量子神經網路模型（或量子深度學習模型），這一網路應用量子計算方式大大地提升神經網路的工作效率。為此，我們可以用一個簡單公式來表示量子人工智慧（QAI）的發展模式：

QAI＝大數據+量子深度學習+量子電腦

人類最想了解的兩件事：

1. 宇宙的構成。
2. 我們自身的構成。

有趣的是，人類對外部世界的了解似乎比對自身的了解更多。人類能否理解宇宙的同時也理解自己？人工智慧與量子計算相結合將促使這一天迅速到來。

14.3.1 徹底破解天道

- **古代哲學思想認為**：萬物皆數，數是宇宙萬物的本源。這種哲學思想認為：1 生 2，2 生諸數，數生點，點生線，線生面，面生體，體生萬物。因此，數產生萬物，數的規律統治萬物。
- **數學家認為**：數是概念，不是物，物的數量特徵在人的頭腦中反映為數，而不是數轉化為物。「萬物皆數」觀點包含唯一主義成分。

- **現代科學觀認為**：世界萬物由三要素構成——物質、能量與資訊。不是萬物皆數，而是萬物皆與數有關。

不是嗎？一切實實在在的物質皆有形，形可以用數描述；運動與變化伴隨著能量的變換與轉化，能量用數表示；人的知識本質是資訊，資訊可以用數記取，萬物有質的不同，但質又可以用數刻畫。

宇宙的變化歸根結底可以用數量變化來描述。當強大的量子電腦出現之後，就能破解宇宙和其中萬物背後深藏的底層密碼，各種事物的運行規律和微妙的關係豁然展現在我們面前，人類因此掌握以前做夢也不敢想像的知識和能力。

14.3.2 徹底破解道地

資訊時代，數據如海！

隨著數位網路的興起與廣泛應用，數據來源越來越豐富，人們獲得數據的代價越來越小，在很多領域都產生了海量數據，出現所謂數據過剩，而知識貧乏的局面。面對堆積如山的數據，人們有時會感到無所適從。數據無處不在，社會必須用數據來管理。隨著量子電腦和人工智慧的到來，各種大數據背後蘊藏的奧祕都將被破解出來，更多的規律會浮出水面。巨大的數據資源將轉換為資訊資源，幫助我們用數據來管理，用數據來決策和用數據來創新。

14.3.3 徹底破解人道

生命的要素到底是什麼？這是一個歷久不衰的問題。生命科學家認為，生物體都是一套生化算法。無論是基因，還是人類各種感覺、情感和慾望的產生，都是由各種進化而成的算法來處理的。

隨著量子電腦的產生，這些算法將被徹底破解，人類那些被稱為基因的 23,000 個「小程式」，將被重新編碼，幫助人類遠離疾病和衰老。一種由人工智慧和量子電腦所組成的超級智慧體，能記住個人的細節，機器對人的了解程度不低於人對人的了解程度。如果說前幾次技術革命，頂多是人的手、腳等身體器官的延伸和替代，那麼人工智慧 + 量子電腦 + 基因科技，則將成為人類自身的替代。

Chapter15
深居閨閣的量子進入大眾視野
——「墨子號」成功發射

2016 年 8 月 16 日，中國量子衛星「墨子號」在酒泉衛星發射中心用「長征二號」運載火箭發射升空，經過 4 個月的在軌測試，2017 年 1 月 18 日正式交付開展科學實驗。其實驗任務有三個，一個是進行衛星和地面之間的量子密鑰分發；一個是進行地面和衛星之間的量子隱形傳態；還有一個是開展空間尺度量子力學完備性實驗的驗證。

第一個任務主要是為了保證量子通訊的保密性。量子通訊之所以迷人的一個重要原因就是它有可能實現資訊傳遞的絕對安全。這對於國家來說，意味著祕密不會泄露；對於企業來說，意味著商業機密不會被竊取；對於個人來說，能夠更好保護隱私。但是量子通訊和其他的通訊一樣也需要密鑰，有了密鑰，資訊的加密過程才能最終完成。雖然量子密鑰在理論上已經地面實驗得到了驗證，不過在「墨子號」之前，人們的驗證結果還從未跳出地球，「墨子號」是人們第一次突破地球的距離極限，實現了地球和地球之外的量子保密通訊。

量子密鑰分發實驗為什麼採用衛星發射量子訊號，地面接收的方式呢（見圖 15.1）？這是因為採用地面光纖傳輸量子訊號的話，其耗損是非常嚴重的，超過 200 公里的光纖量子訊號就會被損耗殆盡，因此，要透過光纖實現遠距離的量子通訊是不可能的。然而，透過衛星則不同，量子訊號在穿透大氣層時能量耗損僅有 20%。這樣，別看衛星和地面相隔遙遠，但傳輸損耗其實遠遠小於光纖傳輸的損耗。「墨子號」衛星過境時，與河北興隆地面光學站建立光鏈路，通訊距離從 645 公里到 1,200 公里，在 1,200 公里通訊距離上，星地量子密鑰的傳輸效率，比同等距離的地面光纖頻道高 20 個數量級（萬億億倍）。衛星上光源平均每秒發送 4,000 萬個光子訊號，一次過軌對接實驗可生成 300bit 的安全密鑰，密鑰分發速率可達 1.1kbps（千位元率）。這一重要成果為構建覆蓋全球的量子保密通訊網路提供可靠的技術支撐。以星地量子密鑰分發為基礎，將衛星作為中繼站，可以實現地球上任意兩點星地密鑰共享，將量子密鑰分發擴展到全球範圍。

圖 15.1 墨子密鑰分發

2017 年 9 月，中國量子保密通訊骨幹網路，也是世界首條遠距離商用量子保密通訊幹線 —— 京滬幹線開通，為探索量子通訊幹線營運模式進行技術驗證，已在金融、電力等領域初步開展了應用示範，並為量子通訊的標準制定累積了寶貴經驗。

第二個任務是開展地星之間的量子隱形傳送實驗。上面介紹的量子密鑰分發是利用量子力學特性來保證通訊的安全性。在這裡，傳遞的並非通訊資訊本身，而是打開資訊的密鑰，資訊本身還是需要借助古典頻道（如打電話）來傳送的，但加密方式是量子的。所以，我們可以把量子密鑰分發看成是「半古典半量子」的通訊方式。下面將要介紹的量子隱形傳態，傳遞的不再是古典資訊，而是量子態攜帶的量子資訊，通俗來講，就是將甲地的某一粒子的未知量子態在相距遙遠的乙地的另一粒子上還原出來，即在乙地構造出量子態的全貌。

不少的科幻電影和小說中經常出現這樣的場景：一個神祕人物在某處突然消失，而後卻在遠處莫名其妙地顯現出來，這種場景非常激動人心。隱形傳送（Teleportation）一詞即來源於此。

「墨子號」量子衛星開展的量子隱形傳送是採用地面發射糾纏光子、天上接收的工作方式。「墨子號」衛星過境時，與海拔 5,100 公尺的西藏阿里地區地面站建立鏈路。地面光源每秒產生 8,000 個量子隱形傳送事例，地面向衛星發射糾纏光子，實驗通訊距離從 500 公里到 1,400 公里，所有 6 個待傳送態均以大於 99.7% 的信賴度超載古典極限。假設在同樣長度的光纖中重複這一工作，需要 3,800 億年（宇宙年齡的 20 倍）才能觀測到 1 個事例。這一重要成果為未來開展空間尺度量子通訊奠定了可靠的技術基礎。

第三個任務就是開展空間尺度的量子糾纏實驗，完成量子力學的完備性驗證。量子糾纏是量子力學中最令人困惑的概念，它可以簡單地描述為：兩個處於未知狀態的糾纏粒子可以保持一種特殊的關連，一旦我們測量其中一個粒子的狀態，就能夠瞬間（時間差為零）知道另一個粒子的狀態，無論它們之間距離有多麼遠。愛因斯坦始終不相信宇宙中存在這種把光速遠遠甩在後面的鬼魅速度，並把這種現象稱為「鬼魅般的超距作用」。不過在後來的多次實驗中證明了量子糾纏是真實存在的。但是，科學家仍舊有困惑的地方，那就是，量子糾纏雖然在地面是存在的，可是在地球之外是否仍舊存在呢？過去由於技術的限制，研究僅僅在地球上，還沒有達到地球和其他星球之間進行實驗的等級，這也是量子糾纏理論研究的很大一塊空白。為了實驗量子糾纏在地球之外的空間的存在，「墨子號」量子衛星不負眾望完成了地球和其他星球之間量子糾纏存在的科學實驗。2017 年 6 月 16 日，潘建偉領導的團隊，在 500 公里的高空，向相距 1,200 公里的兩個地面站發送糾纏光子對，首次實現了千公里量級的量子糾纏分發實驗。這一成果不僅刷新了世界紀錄，也進一步證實了量子力學的正確性，同時為將來開展大尺度量子網路和量子通訊研究打下了基礎。

綜上所述，中國量子科學實驗衛星「墨子號」在國際上首次成功實現了從衛星到地面的量子密鑰分發和地面到衛星的量子隱形傳送，以及空間尺度的量子糾纏的實驗驗證。

2019 年 9 月，中國量子科學實驗衛星「墨子號」再次發威，首次用實驗方法驗證量子化相對論模型。驗證結果不支持這個模型，為物理學家對模型進行理論修正提供了實驗依據。

我們知道，量子力學和狹義相對論的結合問題基本解決，它可以透過狄拉克的方程式將兩者完美地協調起來。而廣義相對論下的重力一直沒有得到量子化處理，即廣義相對論和量子力學還沒有統一起來。廣義相對論認為重力作用來源於時空的扭曲，物體質量越大，時空扭曲也越大。愛因斯坦把我們的宇宙比作一張平鋪的漁網（見圖 15.2），而天體就像一顆顆有重量的鐵球，如果誰的質量越大，那麼它在漁網中下陷得就越深，也就是對鐵球周圍的空間扭曲就越大。而萬有引力就是這些扭曲空間下的重力勢能。量子力學在解釋萬有引力上是乏力的。

於是有意思的現象出現了，同一個宇宙居然需要用兩套完全不同的理論去解釋。我們很難相信，宇宙的宏觀面和微觀面居然不是同一種事物。正是在這種背景下，愛因斯坦開啟大統一理論的研究，它可以同時解釋宏觀世界和微觀世界，進而闡釋一切的物理現象，達到天下一統，四海一家。可惜愛因斯坦走得太早，未能如願，科學家為了實現愛因斯坦的夢想，一直努力至今，提出了一些模型，但難以透過實驗去驗證其是否正確。「墨子號」量子衛星首次用實驗方法解決了量子化廣義相對論模型的驗證問題。

圖 15.2 時空扭曲

Chapter16
尾聲

物理，就是探索物質世界之理，探索宇宙萬物存在、運動與演化的規律。但是，量子力學探索的不是我們熟悉的宏觀世界，而是一個神奇的量子世界。

如果說宏觀世界像一座城，街巷門牌甚分明，細心辨認都是路。微觀世界則像一個迷宮，這裡曲徑通幽，白雲深處不知歸路。因此，量子力學不能跟隨古典力學的思路研究微觀世界規律。這裡更加需要大膽的假設和創造性的靈感。讀者將會發現，在微觀尺度上，量子力學會得到與古典力學不同的結果，甚至顛覆了古典力學的傳統觀念。

16.1 量子化是世界的本質

古典力學認為物體運動是連續的，物體性質的變化是連續的，時間、空間也都是連續的。連續性主宰我們所熟悉的世界。比如，水是慢慢燒開的；蘋果是慢慢從青色變成紅色的；如果你盯著一個嬰兒不停地看，你簡直不可能說他變了，但幾年之後，他確實明顯變大了。這些變化都是逐漸地、不間斷地，通常不會一下子突然變個樣，這就給我們一個感覺：事物變化是連續的。

連續性所主宰的世界就是我們熟悉的可以直接感知的宏觀世界，在那裡物體只能連續地運動，生活在這樣一個世界，我們心裡很踏實。

可惜的是，連續運動直接來自人們關於宏觀世界中物體運動的經驗。然而，經驗永遠是表面的，而真理則隱藏在深處。

1900 年，量子幽靈從普朗克的方程式脫胎出來，開始在物理世界上空遊蕩，接下來的大量實驗事實證明物理世界的基本現象具有離散性，或者說不連續性；從黑體輻射的能量是一份一份的，到光電效應金屬表面所釋放的電子像機關槍射出的子彈；從原子中電子在定態之間的跳躍到原子的線狀光譜；以及在雙狹縫實驗中，電子（或其他微觀粒子）的波函數必定分成兩束同時穿過了兩條狹縫，因而它的運動將是非連續的。

總之，在微觀世界，萬物都在進行著非連續性的量子運動，而量子力學就是一種研究非連續性的新力學，它可以統一地處理所涉及的微觀過程的問題。

16.2 大自然遵循機率統計規律

在古典力學中，粒子的運動是確定性的，確定的「因」導致確定的「果」，只要粒子的初始條件以及受到的外力已經給定，粒子的運動就完全被確定了。比如我們拋硬幣，其結果是出現正面還是反面看來是隨機的，但是只要我們知道拋硬幣出手那一刻的狀態，以及硬幣落地過程中所有的影響因素，就完全可以算出它是出現正面還是反面。所以，宏觀世界隨機性的基礎依舊是決定性的，是一種偽隨機。

但是，量子世界的隨機性沒有任何因果關係，是一種真正的隨機性。在量子力學中，即使給定粒子的全部條件，也無法預測其結果。就像這一秒存在於這裡的粒子，下一秒究竟存在於何處，只能進行機率上的判斷。對於大自然我們究竟觀察到了什麼？量子力學給出的答案 —— 我們只能觀察到機率。嚴格的因果關係只是統計規律的極限。

量子力學告訴我們，微觀世界沒有固定的套路，沒有必須怎樣，必然怎樣，一切需要用薛丁格方程式計算出事件發生的機率。機率或不確定性，這個古典力學第一次遇到的不受歡迎的詞，它所描繪的自然才是自然的終極面貌。

16.3 波函數包含了量子運動的全部資訊

量子力學提出了波函數的概念。古典力學沒有波函數的概念，它直接討論粒子本身的運動，如粒子的位置、速度等，在日常生活中人們也習慣於古典力學的描述。

量子力學中，人們第一次提出用波函數來描述粒子的運動狀態。波函數是一種機率波而非真實的波。機率波並不像經典波那樣代表什麼實在的物理量的波動，它只不過是關於粒子的各種物理量的機率分布的數學描述而已。粒子就好像存在於一片機率叢林中，你不能問：「粒子現在在哪裡？」你只能問:「如果我在這個地方觀察某個粒子,它在這裡的機率是多少?」這雖然聽起來很奇怪,可是這種描述粒子運動的新方式是正確的。當你發出一顆粒子(如電子)之後,你便無法預測它會落在哪裡,但如果你用薛丁格方程式來計算電子的機率波,你就可以準確地預測;如果發出足夠多的電子,你就能夠算出它們落在各處的比例,例如,會有 33% 落在「這裡」,8% 落在「那裡」,等等。這些預測一次又一次地被雙狹縫等眾多實驗所證實。波函數能夠以驚人的準確度預測粒子的運動模式,似乎粒子的所有資訊都濃縮在這既陌生又神祕的波函數之中。

16.4 波粒二象性是量子力學的靈魂

古典力學中,粒子僅僅顯示粒子性,沒有波動性。粒子與波毫無共同之處,兩者不能形成統一的圖像。在量子力學的電子雙狹縫干涉實驗中,既可以觀察到電子的粒子性,也可以觀察到電子的波動性,當實驗者關注其中的每一個電子時,看到的是粒子性,測量時它在螢幕上某個確定的位置出現。當實驗者縱觀大量電子時,顯示出機率密度(即波函數模的平方),看到的是波動性,測量時它可以出現在螢幕空間廣泛的範圍裡,呈現干涉條紋(波動性的典型特徵)。不僅電子,推廣到所有實物粒子都是集粒子性與波動性於一身，這就揭示出所有物質都具有一種新的通用本性——波粒二象性。這是微觀粒子的本質屬性，也是量子力學的靈魂。

16.5 量子世界允許非定域性

定域性原理認定，一個物體只能與它周圍的物體相互作用。在機械運動中，兩個物體必須在彼此接觸時才會有相互作用。在電磁場中，兩個電荷必須以電磁場為仲介相互作用。愛因斯坦建立的狹義相對論，證明了任何作用或者資訊傳播的速度都不能超過光速，否則因果關係就會被破壞。因此定域性原理認為，在空間某一處發生的事件，不可能立即影響到空間的另一處。這就排除了超距作用的可能。從古典力學的觀點來看，任何相互作用都發生在「定域」範圍內，外部世界的任何物質都是定域性的。

但是，在量子力學中，波函數塌縮的現象，對古典力學提出了挑戰。我們知道，在量子世界，粒子處於波函數定義的所有狀態的疊加態，只有對粒子進行測量時，波函數的疊加態才突然崩潰，塌縮到一個確定的狀態。可見，波函數的塌縮應是瞬時發生的，其速度能夠且必須超過光速。

1935 年 EPR 文章重新提出「超距作用是否存在」的問題，愛因斯坦等認定兩個相互遠離的粒子之間不可能存在任何瞬時關連，相互作用總是定域性的。但是，量子力學預言，即使兩個粒子分開，關連依然存在，對一個粒子的測量不僅改變了這個粒子的狀態，也改變了另一個粒子的狀態，這就是量子力學的「非定域性」。1964 年，貝爾不等式橫空出世，使得人們第一次透過實驗證實了這種超距作用的可信性，微觀世界裡的物理現象竟然可以違背定域性原理！這個結論不僅顛覆了古典力學的傳統觀念，對哲學的衝擊也是巨大的。

總之，許多古典的傳統觀念，如因果關係的確定性、粒子和波兩者的對立性、相互作用的定域性等，都反映了古典力學的侷限性，只有突破這種侷限性才能推動量子力學的發展。試想，如果沒有量子力學的非定域性，就沒有今天量子糾纏在量子通訊與量子計算等許多領域的應用。

16.6 量子力學對「測量」作出自己特有的解釋

有了波函數，我們可以描述微觀粒子的性質和運動狀態；有了薛丁格方程式，我們有了求解波函數的方法；有了算符，我們可以將微觀粒子的物理量表示出來。我們就這樣一步步地接近未知的微觀世界，那麼，我們應該如何測量微觀粒子的物理量呢？

在宏觀世界中，觀測一個物體時可以不影響它的狀態，但由於微觀粒子的波粒二象性，當我們觀測一個粒子時，一定會改變粒子的狀態。但是，測量時怎樣把粒子的不確定狀態變成確定狀態呢？總要有個說法。

量子力學對「測量」作出自己特有的解釋。以波耳為首的哥本哈根派認為：對粒子的物理量進行測量的作用就是把瀰散在空間各處的粒子的波函數「塌縮」，從而得到確定的結果。但是，如果沒有測量儀器，波函數永遠不會「塌縮」。一旦在量子系統中出現一個測量儀器，原來系統中的波函數就改變了。測量之前存在的多種可能性就只留下一種，其餘的可能性全部消失了！

以電子雙狹縫實驗為例。在電子通過雙狹縫前，假如我們不去觀測它的位置，那麼它的波函數就按照薛丁格方程式發散開去，同時通過兩個縫而自我相互干涉。但要是我們試圖在兩條縫上裝個儀器以觀測它究竟通過了哪條縫，在那一瞬間，電子的波函數便塌縮了，電子隨機地選擇了一條縫通過。而塌縮過的波函數自然無法再進行干涉。於是電子回到了現實世界中，又成了大家所熟悉的具有確定位置的古典粒子。

事實上，一個純粹的客觀世界是沒有的，任何事物都只有結合一個特定的觀測手段，才談得上具體意義。被測對象所表現出的狀態，很大程度上取決於我們的觀測方法。物理學家惠勒有一句話說得更妙：「現象非到被觀察到之時，決非現象。」測量外無理，測量即是理，測量決定命運，即只要未做測量，波函數就一直保留所有分支，粒子就保留著各種可能性。只有進行測量的瞬間，粒子才有了確定的狀態，於是粒子的整個運動過程才被完全確定。

但是，量子力學只回答了「測量是什麼」，而沒有回答「測量為什麼是這樣」的問題。測量問題還存在許多未解之謎，需要人們去分析和研究，這些問題不僅涉及自然科學，還涉及哲學。也正因為如此，量子力學及其測量問題才具有如此的魅力，讓人們甘願沉醉其中。

1984 年，英國科學家潘洛斯（Roger Penrose）在牛津量子會議上以風趣的語言表達了他對量子力學的看法。他說，關於量子理論有兩個強有力的「支持者」和一個僅有的「反對者」。第一個「支持者」是量子理論得到了迄今為止所有實驗的精確驗證，第二個「支持者」是量子理論具有十分優美的數學結構，但還有一個「反對者」，它就是這個理論絕對沒有意義！

量子力學的發展總是離不開實驗的支持，實驗是檢驗量子理論是否正確的最終根據。雙狹縫干涉實驗是量子力學的心臟，量子力學最深刻的奧祕都是雙狹縫實驗揭示出來的。人天生的左右兩個半腦及雙眼，是宇宙間最為複雜的「雙狹縫」。光通過這道「雙狹縫」，在人的認知層面上影射出波粒二象性、疊加性與相干性等量子特性，從而給人類帶來資訊與知識。

量子力學是建立在嚴格的數學基礎之上的，從某種意義上來說數學總是領先的。英國數學家凱萊（Cayley）創立矩陣的時候，自然想不到它後來在量子力學的第 1 個版本中造成關鍵作用。同樣，黎曼創立黎曼幾何的時候，又怎會料到他已經給愛因斯坦和他偉大的相對論提供了最好的工具。更令人料想不到的是隨著電腦革命的到來，一直沒有派上用場的古老數論，正以驚人的速度在資訊社會找到它的位置，開始大顯身手。基於大質因數原理的加密、解密算法，已經成為通訊、網路以及一切線上服務的資訊安全不可缺少的部分。

為什麼量子理論會有「反對者」呢？這是因為量子理論的創立，讓之前的連續性、定域性、因果律、決定論等金科玉律紛紛招架不上，它們都黯然失色，失去了往日的神采和力量。量子論革命，實際上是一場非常徹底的革命，只有完全與舊的理論分裂之後，才能真正理解量子帶給我們的意義。一些曾經是量子探險的嚮導和旗手，因為對古典觀念懷有一種深深的眷戀，因而不能理解量子理論的基本形式，以及量子理論的正統觀點。

量子力學在奇妙的氣氛中誕生，在激烈的論戰中成長，在科學史上整整一代最傑出的天才們的共同努力下，最終成為現代物理的兩大支柱之一，把微觀世界的奧祕成功地譜寫在人類的歷史之中。但是，是不是一切就大功告成了？量子力學包含了全部真理？我們的探索已經走到了終點？科學的回答是，大自然永遠也不肯向我們展示它的最終面貌，量子論還有無數未知的祕密有待發掘，而我們仍需上下探索。

以 AI、5G、量子技術等為代表的第四次工業革命，正在呼嘯而至，綻放在我們身旁。無論國家、個人都需要未雨綢繆，做好準備。對於讀者，尤其是年輕一代，將會經歷機器在智慧上全面超越人類的第四次工業革命 —— 智慧革命。只有緊密關注它、擁抱它、發展它的人，才能成為最大的受益者，而遠離它、迴避它、拒絕接受它的人，將成為迷茫的一代。以往三次工業革命的歷史經驗提醒人們：你應該往前走了！只有接受新思維，加快知識更新和智慧進步，不斷提高自己，才能適應新時代，重建自己在智慧社會中的作用與價值。

參考文獻

[01] 赫爾曼·量子論初期 [M]. 周昌忠，譯·北京：商務印書館，1980.

[02] M·勞厄·物理學史 [M]. 范岱年，戴念祖，譯 . 北京：商務印書館，1978.

[03] 曹天元·量子物理史話 [M]. 瀋陽：遼寧教育出版社，2008.

[04] M. 普朗克·從近代物理學看宇宙 [M]. 何青，譯 . 北京：商務印書館，1959.

[05] 愛因斯坦·狹義與廣義相對論淺說 [M]. 楊潤殷，譯 . 北京：北京大學出版社，2006.

[06] M. 玻恩·關於因果性和機遇的科學 [M]. 侯德彭，譯 . 北京：商務印書館，1964.

[07] L.V. 德布羅意 . 物理學與微觀物理學 [M]. 朱津棟，譯 . 北京：商務印書館，1992.

[08]]W. 海森堡·物理學與哲學 [M]. 范岱年，譯 . 北京：商務印書館，1984.

[09] W. 海森堡 . 量子論的物理原理 [M]. 王正行，李紹光，張虞，譯 . 北京：高等教育出版社，2017.

[10] 黃祖洽·現代物理學前沿選講 [M]. 北京：科學出版社，2007.

[11] 丁鄂江·量子力學的奧祕和困惑 [M]. 北京：科學出版社，2019.

[12] I.Duck，E.C.G.Sundarsham.100 year of planck's Quantum[J].World Science，2000.

[13] K.Hannabuss.An Introduction to Quantum[M].Oxford：Oxford University Press，1997.

[14] T.Maudlin.Quantum Nonlocality and Relativity[M].Oxford：lackwell Publishers，2002.

[15] G.H.Bennett，D.P.Divincenzo.Quantum Information and Computation[J].Nature，2000，404：247-255.

[16]「墨子號」量子衛星實現星地量子密鑰分發和地星量子隱形傳態圓滿實現全部既定科學目標 [R]. 合肥微尺度物理科學國家實驗室，2017.

[17] 郭光燦·量子密鑰分配的應用與發展 [Z/OL]. 郭光燦 / 微信公眾號：「中科院物理所」，2019.

[18] 倪光炯，王炎森 . 物理與文化 [M]. 北京：高等教育出版社，2009.

[19] 吳國林，孫顯曜 . 物理學哲學導論 [M]. 北京：人民出版社，2007.

[20] 吳今培·量子概論 —— 神奇的量子世界之旅 [M]. 北京：

清華大學出版社，2019.
[21] 要參君·中國宣布：重大突破！財聞要參，2021.5.

電子書購買

爽讀 APP

國家圖書館出版品預行編目資料

零基礎量子力學！史詩般壯麗的量子論發展史：雙狹縫實驗 × 普朗克常數 × 薛丁格的貓 × 精密測量 × 資訊加密，從假設開端到未來發展，量子力學主宰人類社會 / 吳今培，李雪岩 著 . -- 第一版 . -- 臺北市：崧燁文化事業有限公司, 2023.10
面；　公分
POD 版
ISBN 978-626-357-644-5(平裝)
1.CST: 量子力學
331.3　　112014209

零基礎量子力學！史詩般壯麗的量子論發展史：雙狹縫實驗 × 普朗克常數 × 薛丁格的貓 × 精密測量 × 資訊加密，從假設開端到未來發展，量子力學主宰人類社會

臉書

作　　者：吳今培，李雪岩
發 行 人：黃振庭
出 版 者：崧燁文化事業有限公司
發 行 者：崧燁文化事業有限公司
E-mail：sonbookservice@gmail.com
粉 絲 頁：https://www.facebook.com/sonbookss/
網　　址：https://sonbook.net/
地　　址：台北市中正區重慶南路一段六十一號八樓 815 室
Rm. 815, 8F., No.61, Sec. 1, Chongqing S. Rd., Zhongzheng Dist., Taipei City 100, Taiwan
電　　話：(02)2370-3310　　　傳　　真：(02) 2388-1990
印　　刷：京峯數位服務有限公司
律師顧問：廣華律師事務所 張珮琦律師

定　　價：375 元
發行日期：2023 年 10 月第一版
◎本書以 POD 印製
Design Assets from Freepik.com